ADVANCED WEB DESIGN BOOKS

スタイルシートによる
レイアウトデザイン
見本帖
CSS LAYOUT DESIGN SAMPLES

by MIKI OFUJI, KEITA MATSUBARA,
YUJI OSHIMOTO

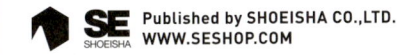

SE SHOEISHA Published by SHOEISHA CO.,LTD.
WWW.SESHOP.COM

JN238073

本書内容に関するお問い合わせについて

このたびは翔泳社の書籍をお買い上げいただき、誠にありがとうございます。弊社では、読者の皆様からのお問い合わせに適切に対応させていただくため、以下のガイドラインへのご協力をお願い致しております。下記項目をお読みいただき、手順に従ってお問い合わせください。

●ご質問される前に

弊社Webサイトの「正誤表」や「出版物Q&A」をご確認ください。これまでに判明した正誤や追加情報、過去のお問い合わせへの回答（FAQ）、的確なお問い合わせ方法などが掲載されています。

　　　正誤表　　　　http://www.seshop.com/book/errata/
　　　出版物Q&A　　http://www.seshop.com/book/qa/

●ご質問方法

弊社Webサイトの書籍専用質問フォーム（http://www.seshop.com/book/qa/）をご利用ください（お電話や電子メールによるお問い合わせについては、原則としてお受けしておりません）。

※質問専用シートのお取り寄せについて
Webサイトにアクセスする手段をお持ちでない方は、ご氏名、ご送付先（ご住所/郵便番号/電話番号またはFAX番号/電子メールアドレス）および「質問専用シート送付希望」と明記のうえ、電子メール（qaform@shoeisha.com）、FAX、郵便（80円切手をご同封願います）のいずれかにて"編集部読者サポート係"までお申し込みください。お申し込みの手段によって、折り返し質問シートをお送りいたします。シートに必要事項を漏れなく記入し、"編集部読者サポート係"までFAXまたは郵便にてご返送ください。

●回答について

回答は、ご質問いただいた手段によってご返事申し上げます。ご質問の内容によっては、回答に数日ないしはそれ以上の期間を要する場合があります。

●ご質問に際してのご注意

本書の対象を越えるもの、記述個所を特定されないもの、また読者固有の環境に起因するご質問等にはお答えできませんので、あらかじめご了承ください。

●郵便物送付先およびFAX番号

送付先住所　〒160-0006　東京都新宿区舟町5
FAX番号　　03-5362-3818
宛先　　　　（株）翔泳社出版局 編集部読者サポート係

※本書に記載されたURL等は予告なく変更される場合があります。

※本書の出版にあたっくは正確な記述につとめましたが、著者や出版社などのいずれも、本書の内容に対してなんらかの保証をするものではなく、内容やサンプルに基づくいかなる運用結果に関してもいっさいの責任を負いません。

※本書に掲載されているサンプルプログラムやスクリプト、および実行結果を記した画面イメージなどは、特定の設定に基づいた環境にて再現される一例です。

※本書に記載されている会社名、製品名はそれぞれ各社の商標および登録商標です。

著者から読者へ

　本書は、松原さんと押本さんがデザインしたサンプルの画像を元に、私が基本となるソースコードを書き、それに対してさらに改良を加えていく、といった手順で作成されました。仕事柄、私は様々なサイトのソースコードを見て回ることが多いのですが、本書ではできるだけ定番的に広く利用されているパターンの書き方を採用しています。また、基本となる外部 CSS からは裏ワザなどの特殊な書き方をできるだけ排除し、一部の古いブラウザ向けの特別な指定については別途用意した専用の外部 CSS 内に収めるようにしました。本書を活用することで、Web 標準に準拠した書き方だけでなく、実際の現場で使われている典型的な手法も身につけていただけることと思います。

大藤 幹

プロフィール
大藤 幹（おおふじ みき）
1963 年生まれ、札幌市在住。情報通信アクセス協議会・Web アクセシビリティ作業部会委員。大学卒業後、複数のソフトハウスに勤務し、CAD アプリケーション、航空関連システム、医療関連システム、マルチメディアタイトルなどの開発に携わる。現在は、XHTML+CSS、アクセシビリティを中心としたテクニカルライティングのほか、Web サイトの制作やコンサルティングなどを行っている。

　本書は、大藤さん押本さんとの、いわばコラボレーションの産物です。この本に並んでいるサンプルスクリプトは、読者の皆さんでご自由にお使いいただくことも出来ますし、またそうでなくとも、サンプルから応用例を読み進んでいくだけでも、いろいろと得るところがあるのではないかと思います。私自身、この本を作り上げていく中で、勉強になることが多かったですから…。とりわけ「XHTML／CSS について、なんとなく分っているんだけど、実際に仕事で使いこなすには、まだちょっと」と躊躇している方には、強くオススメしたいと思っております。

松原 慶太

プロフィール
松原 慶太（まつばらけいた）
1965 年生まれ、埼玉県在住。フリーランスのアートディレクター／Web デザイナー。出版社、デザイン事務所などを経て Web 制作に。『標準 Web デザイン講座 基礎編』（共著・翔泳社）。
info@sublimegraphics.com

　この本で紹介しているサンプルについては、松原さんや自分がデザインしたページを元に大藤さんが基本形となるソースコードを起こし、それをまた元に応用を加えていくといった手順で作成していきました。この方法は、CSS について未だ修練中の自分にとってもかなり勉強になり、読者の皆様にとっても、一から手探りでソースコードを起こしていくより、元となるソースを応用していくことで逆に CSS に対する理解や認識を深めることができるのではないかと思います。まさに「習うより慣れろ」の言葉通りですので、本書で紹介している応用例を試してみたり、またはそれ以外の独自なカスタマイズを試してみたり、いろいろと実践してみるのもよいかと思います。

押本 祐二

プロフィール
押本 祐二（おしもとゆうじ）
1973 年生まれ、東京都在住。フリーランスのデザイナー。デザイン事務所を経て、現在は 5 人のデザイナーで構成された「サモハン」として活動中。web 制作を中心にグラフィック、エディトリアル、CI、ゲーム制作などなど、なんでもデザインやってます。
http://www.samohung.jp

目次

01　トップページ型 009
01_01　トップページ A 010
基本編：上部に大きな画像イメージを配置する、汎用性のあるトップページ 010
応用編：背景画像と組み合わせることで、印象を変える 018

01_02　トップページ B 026
基本編：左サイドにナビゲーションを配したトップページ 026
応用編：CSS によるインタラクション 036

02　段組み型／逆 L 字型（2 コラム） 043
02_01　2 コラム A（フローズン） 044
基本編：ブラウザのウィンドウサイズに関わらない横幅固定の、2 コラム型レイアウト 044
応用編：文字サイズの可変ボタン 055

02_02　2 コラム B（リキッド） 066
基本編：ブラウザウィンドウの幅に追従し伸縮可能な、2 コラム型レイアウト 066
応用編：リキッドレイアウトに対応したタイトル画像の使用法 076

03　段組み型／逆 L 字型（3 コラム） 081
03_01　3 コラム A（フローズン） 082
基本編：サイドにメニューを配し、メイン部分が 2 分割されたレイアウト 082
応用編：メインコンテンツを 3 段組にする 094

03_02　3 コラム B（リキッド） 100
基本編：サイドにメニューを配し、メイン部分が 2 分割されたレイアウト（リキッド） 100
応用編：フローズンとリキッドの組み合わせを考える 111

04 ギャラリー型 119
04_01 ギャラリー A 120
基本編：サムネイルイメージを大量に表示する、ギャラリー型メニューページ 120
応用編：アクセントをつけてページの印象を変える 128

04_02 ギャラリー B 136
基本編：サブメニューを表示した、ギャラリー型のコンテンツページ 136
応用編：テキスト主体のコンテンツページに変更する 145

05 blog 型 151
05_01 blogA 152
基本編：サイドバーを左側に配置した、2 段組の blog ページ 152
応用編：デザインや表示位置を変更することで、違った印象にする 162

05_02 blogB 170
基本編：サイドバーを左右に配置した、3 段組の blog ページ 170
応用編：blog をさらにカスタマイズする 183

06 その他 193
06_01 登録ページ 194
基本編：入力フォームを多用した、登録ページ 194
応用編：目的や機能に応じてフォームをアレンジする 205

06_02 確認ページ 214
基本編：表組を使用した、ショッピングカートの確認ページ 214
応用編：テーブルのカスタマイズと、プリントアウトへの対応 226

APPENDIX　CSS リファレンス 233

サンプルファイルについて

　付録 CD-ROM の中の「source」フォルダと「custm」フォルダには、本書で解説するサンプルのファイル (以下、本データとする) が収録されています。「source」フォルダの中は「01_01」から「06_02」まで、また「custm」フォルダの中は「01_01_custm」から「06_02_custm」まで、本書の章番号に合わせて整理してあります。

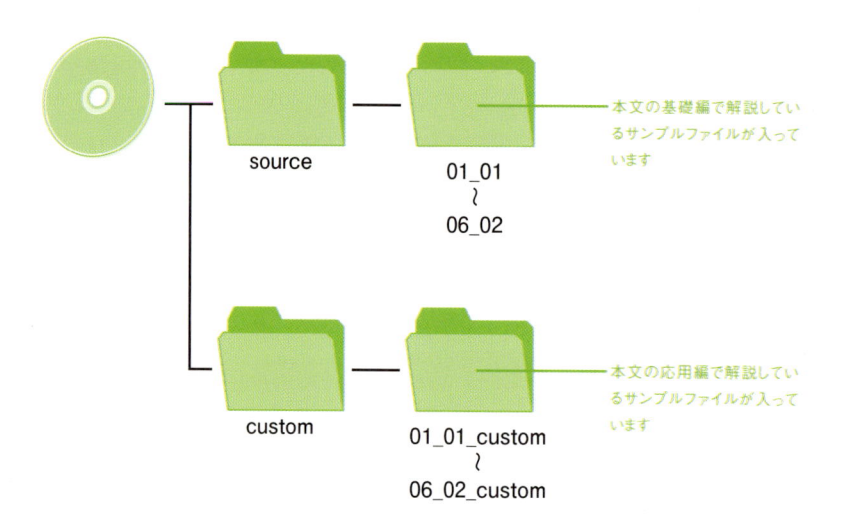

```
                ┌── source ──── 01_01        本文の基礎編で解説してい
                │                 〜           るサンプルファイルが入って
    CD ─────────┤               06_02         います
                │
                └── custom ──── 01_01_custom  本文の応用編で解説してい
                                  〜           るサンプルファイルが入って
                                06_02_custom  います
```

サンプルファイルのご使用にあたっての注意

　本データの著作権は、著者と株式会社翔泳社に帰属します。ご使用によるいかなる損害についても、著者と株式会社翔泳社は責任を負わないものとさせて頂きます。

　本データの使用については、改変を伴う使用および営利目的による使用も許可します。ただし、本データは改変・非改変にかかわらず、配布、転載および販売は、固く禁止いたします。

サンプルの基本的なファイル構成

本書で解説する各サンプルは、どれも下の図のように構成されています。まず、そのページの内容が書かれた XHTML（XHTML1.0 Strict）のファイルが1つあり、そこから読み込まれる外部スタイルシートファイルは「css」フォルダに、画像ファイルは「images」フォルダに入っています。

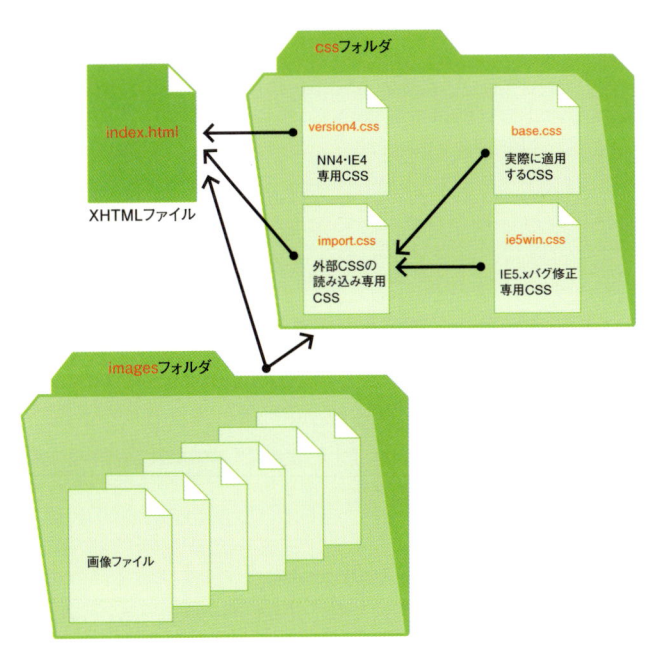

サンプルの基本的なファイル構成を示した図版

XHTML ファイルから直接読み込む外部スタイルシートは、「version4.css」と「import.css」の2つだけです。残りの外部スタイルシートについては、「import.css」の中から読み込まれる仕組みになっています。

index.html

```
<link rel="stylesheet" href="css/version4.css" type="text/css" />
<link rel="stylesheet" href="css/import.css" type="text/css" media="screen,print" />
```

XHTML ファイル（index.html）から外部スタイルシートを読み込んでいる部分

最初に読み込んでいる「version4.css」は、Netscape Navigator 4.x と Internet Explorer 4.0 だけを対象とした外部スタイルシートです。本書のサンプルでは基本的にはこれらのブラウザに CSS を適用しないようにしていますが、ページ全体の文字色や背景色、リンクされた画像の枠線を消すなどの最低限の指定はできるように、この外部スタイルシートを用意しました。通常のブラウザ向けの指定は、後から読み込む外部スタイルシート (base.css) で上書きして変更することができます。

次に読み込んでいる「import.css」は、残りの外部スタイルシートを読み込むための専用ファイルとなっています。ただし、「import.css」自体を読み込む link 要素に「media="screen,print"」を指定しているため、Netscape Navigator 4.x は「import.css」を読み込みません。次に、「import.css」の内部では基本となる CSS である「base.css」を「@import " 〜 ";」の形式で読み込んでいますので、Internet Explorer 4.0 では「base.css」を読み込まないことになります。ここで、「import.css」の中身を見てみましょう。

import.css

```
@import "base.css";

@media tty {
 i{content:"¥";/*" "*/}} @import 'ie5win.css'; /*";}
}/* */
```

外部スタイルシート (import.css) から、さらに別の外部スタイルシートを読み込んでいる部分

　最初の指定はシンプルに @import 命令を使っていますが、その後に一見難解な 3 行の指定があります。実はこれは通称 Mid Pass Filter と呼ばれる裏ワザで、この書式で外部スタイルシート（ここでは「ie5win.css」）を指定すると Windows 版の Internet Explorer 5.0 と 5.5 だけは読み込みますが、それ以外のブラウザでは無視されます。つまり、Internet Explorer 5.0 と 5.5 で表示がおかしくなってしまうような場合には、この外部スタイルシートに Internet Explorer 5.0 と 5.5 専用の CSS を書いて修正できることになります。こうすることで、本来不要なバグ対策のための裏ワザを 1 ヵ所にまとめておき、基本となる外部スタイルシート (base.css) はクリーンな状態にしておくことができるというわけです。本書では、主にボックスの幅と高さ、フォントサイズの調整にこの外部スタイルシート (ie5win.css) を利用していますが、サンプルによっては使っていないものもあります。

CAUTION

Netscape Navigator 4.x は、media 属性の値が「screen」と一致しない場合は、その外部スタイルシートを読み込みません。Netscape Navigator 4.x の初期のバージョンでは、@import 命令が実行されるとフリーズや強制終了することが確認されているため、@import 命令が実行される前の段階で読み込まれないようにしておく必要があります。

CAUTION

Internet Explorer 4.0 は、「@import url(〜);」のように指定すると外部スタイルシートを読み込みますが、「@import " 〜 ";」形式で指定すると読み込みません。

TERM

Mid Pass Filter
Windows 版の Internet Explorer 5.0 と 5.5 だけに外部スタイルシートを読み込ませる裏ワザ。次の URL で詳しく解説されています。
http://www.tantek.com/CSS/Examples/midpass.html

CHAPTER 01
トップページ型

CONTENTS

01_01 トップページ A
 基本編：上部に大きな画像イメージを配置する、汎用性のあるトップページ
 応用編：背景画像と組み合わせることで、印象を変える

01_02 トップページ B
 基本編：左サイドにナビゲーションを配したトップページ
 応用編：CSSによるインタラクション

01 | 01 トップページ型
トップページ A

基本編

上部に大きな画像イメージを配置する、汎用性のあるトップページ

用途

- コーポレートサイトのトップページ
- ポータルサイトのトップページ

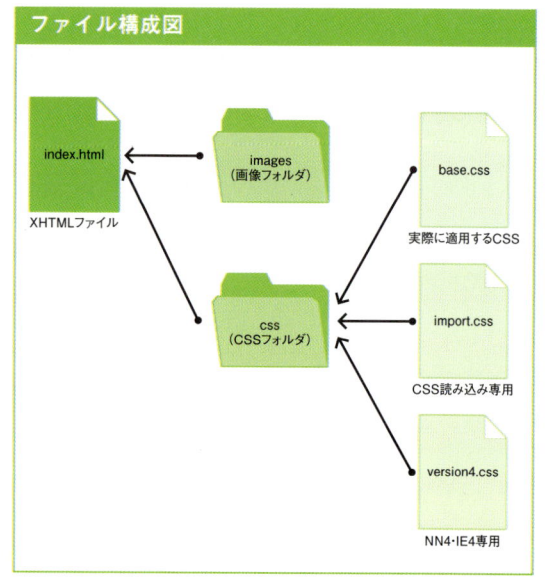

ファイル構成図

- index.html — XHTMLファイル
- images（画像フォルダ）
- css（CSSフォルダ）
- base.css — 実際に適用するCSS
- import.css — CSS読み込み専用
- version4.css — NN4・IE4専用

01　01　トップページ型 >> トップページA

レイアウトとデザイン

　まず、この01_01では、広く汎用的に使用可能なトップページのレイアウトについて解説します。

　上段に大きな画像イメージが入り、下段にトピックスやニュースなどテキスト部分を配置する、シンプルですが応用が利くレイアウトです。画像部分は、静止画を配置してもよいし、Flashなどの動画を置いてもよいでしょう。

　画像イメージ、テキスト部分ともに、コンテンツ内部への"導線"となる箇所を複数設けることで、機能的なトップページにできます。また、画像やテキストを適宜入れ換えることで、情報量の多いサイトでも、頻繁な更新に対応できるのが特徴です。

　基本的に、比較的カッチリとした作りのコーポレートサイトやポータルサイトに向いた、クリーンでグリッド感のあるレイアウトですが、画像スペースを大きく取っているため、デザイン次第では、エンターテインメント系のコンテンツにも応用できます。

　後半の応用編では、背景画像を工夫することで、レイアウトに大きな変更をせずにちょっと印象の違ったバリエーションのトップページを作ります。また、CSSを利用した、簡単なインタラクション（ロールオーバー）の作り方についても学習します。

サンプルCSSの概要

　Internet Explorerバージョン4のブラウザ専用のCSSである「version4.css」（14ページ）では、ページ全体の文字色と背景色を設定しています。次に、リンクされた画像の周りに枠線が表示されないように「border: none;」を指定しているのですが、Netscape Navigator 4.xはこれに対応していません。そのため、画像のcolorプロパティの値（枠線の色）をページ全体の背景色と同じ色に設定して、見かけ上線が消えたように見せています。これらの指定は、本書のサンプル全体を通しての、バージョン4専用CSSの基本となります。

　一般的な新しいブラウザ向けのCSSである「base.css」では、このサンプルが固定幅で左寄せということもあり、絶対配置を多用しています。このサンプルでは、絶対配置をしている範囲に「position: relative;」だけを指定して位置を指定していない部分がありますが、それは相対配置をすることが目的なのではなく、その範囲を絶対配置の基準ボックスとするための指定です。

　本サンプルの3段組部分（contentで指定した部分）では、3つの段すべてに「float: left;」を指定する方法が使われています。また、ナビゲーション部分では、リストとしてタグ付けされている部分のテキストを消して、代わりに背景画像を表示させるテクニックを使っています。

POINT

絶対配置と相対配置

絶対配置とは特定のボックスを基準として、その上下左右からの距離を指定して配置する方法です。相対配置とは、通常配置される位置から相対的にずらして配置する方法です。絶対配置する要素Aが別の絶対配置または相対配置された要素Bに含まれている場合、その要素Bが絶対配置する要素Aの基準ボックスとなります。

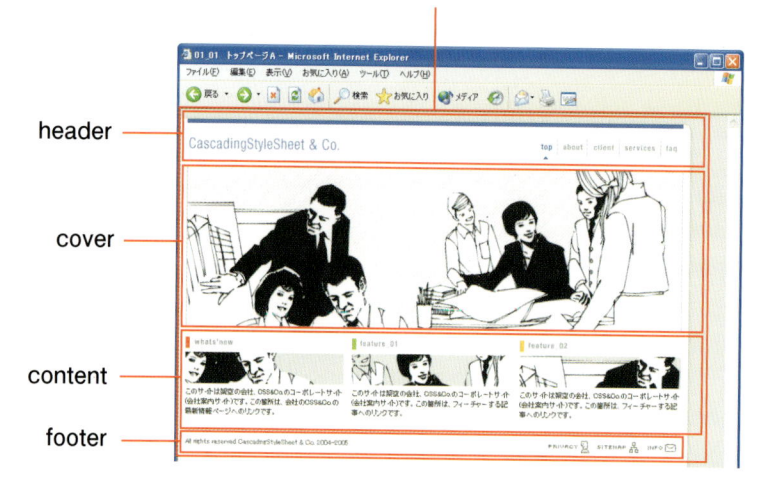

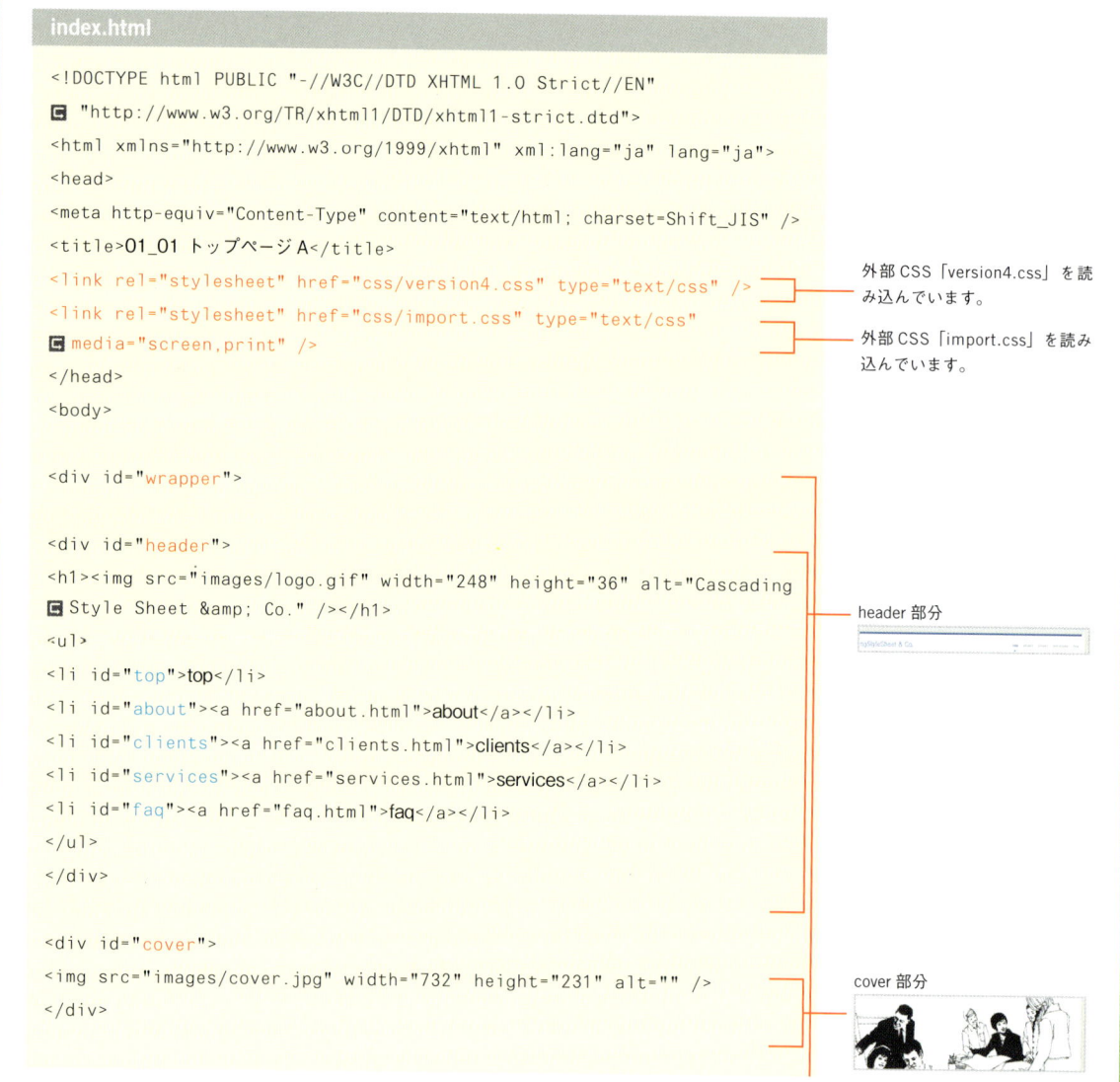

01　01　トップページ型 >> トップページA

wrapper
header
cover
content
footer

index.html

```
<!DOCTYPE html PUBLIC "-//W3C//DTD XHTML 1.0 Strict//EN"
 "http://www.w3.org/TR/xhtml1/DTD/xhtml1-strict.dtd">
<html xmlns="http://www.w3.org/1999/xhtml" xml:lang="ja" lang="ja">
<head>
<meta http-equiv="Content-Type" content="text/html; charset=Shift_JIS" />
<title>01_01 トップページA</title>
<link rel="stylesheet" href="css/version4.css" type="text/css" />
<link rel="stylesheet" href="css/import.css" type="text/css"
 media="screen,print" />
</head>
<body>

<div id="wrapper">

<div id="header">
<h1><img src="images/logo.gif" width="248" height="36" alt="Cascading
 Style Sheet &amp; Co." /></h1>
<ul>
<li id="top">top</li>
<li id="about"><a href="about.html">about</a></li>
<li id="clients"><a href="clients.html">clients</a></li>
<li id="services"><a href="services.html">services</a></li>
<li id="faq"><a href="faq.html">faq</a></li>
</ul>
</div>

<div id="cover">
<img src="images/cover.jpg" width="732" height="231" alt="" />
</div>
```

外部CSS「version4.css」を読み込んでいます。

外部CSS「import.css」を読み込んでいます。

header 部分

cover 部分

01 | 01 | トップページ型 >> トップページ A

```html
<div id="content">

<div id="new">
<h2><a href="new.html"><img src="images/h2text1.gif" width="76" height="16" alt="what's new" /></a></h2>
<p>
このサイトは架空の会社、CSS&amp;Co.のコーポレートサイト（会社案内サイト）です。
この箇所は、会社のCSS&amp;Co.の最新情報ページへのリンクです。
</p>
</div>

<div id="feature01">
<h2><a href="feature01.html"><img src="images/h2text2.gif" width="74" height="16" alt="feature_01" /></a></h2>
<p>
このサイトは架空の会社、CSS&amp;Co.のコーポレートサイト（会社案内サイト）です。
この箇所は、フィーチャーする記事へのリンクです。
</p>
</div>

<div id="feature02">
<h2><a href="feature02.html"><img src="images/h2text3.gif" width="75" height="16" alt="feature_02" /></a></h2>
<p>
このサイトは架空の会社、CSS&amp;Co.のコーポレートサイト（会社案内サイト）です。この箇所は、フィーチャーする記事へのリンクです。
</p>
</div>

</div>

<div id="footer">
<ul>
<li id="info"><a href="info.html">お問い合わせ</a></li>
<li id="sitemap"><a href="sitemap.html">サイトマップ</a></li>
<li id="privacy"><a href="privacy.html">プライバシーポリシー</a></li>
</ul>
<p>
All rights reserved CascadingStyleSheet &amp; Co. 2004-2005
</p>
</div>

</div>    <!-- wrapper 終了 -->

</body>
</html>
```

content 部分

footer 部分

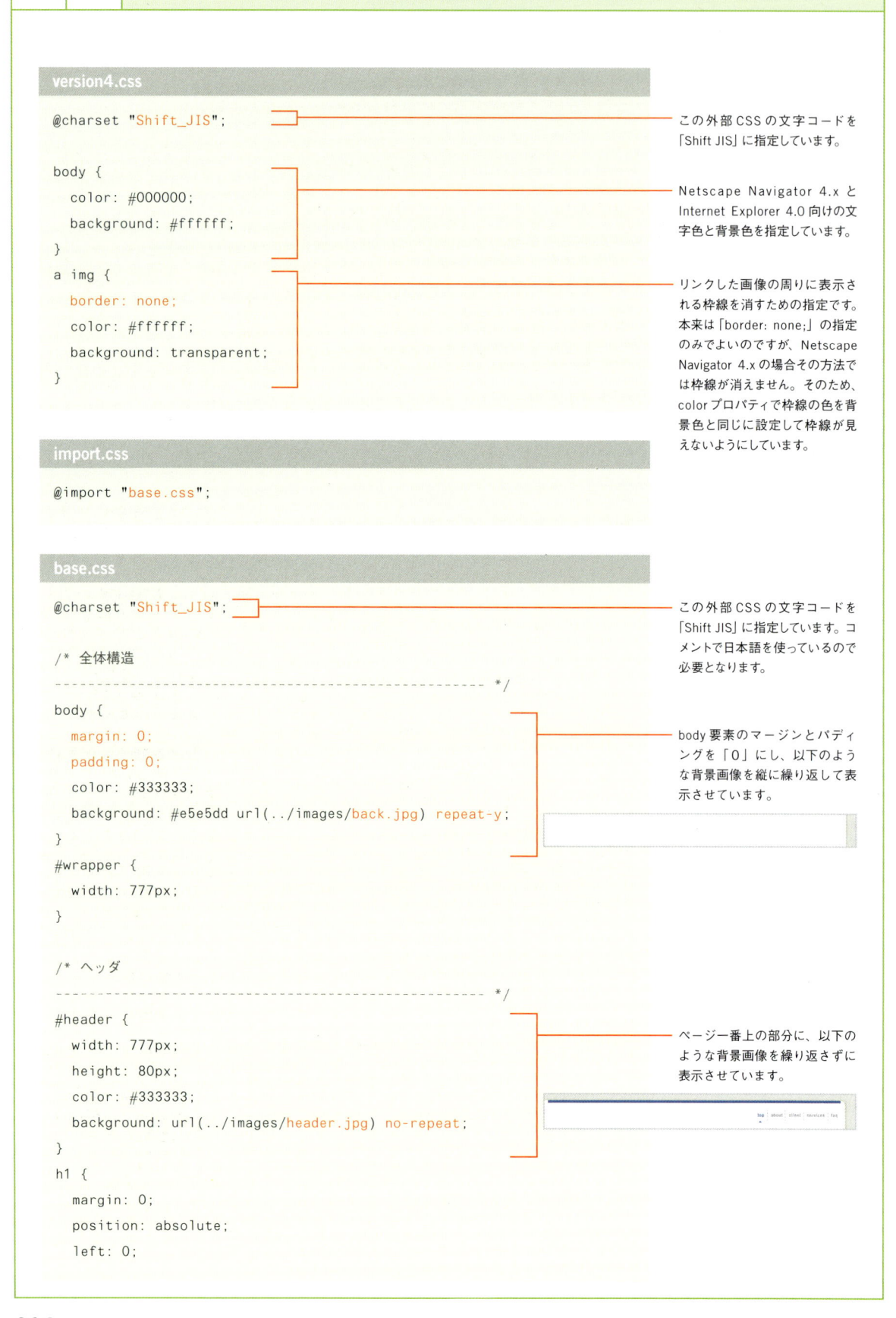

01　01　トップページ型 >> トップページ A

version4.css

```css
@charset "Shift_JIS";

body {
  color: #000000;
  background: #ffffff;
}
a img {
  border: none;
  color: #ffffff;
  background: transparent;
}
```

この外部 CSS の文字コードを「Shift_JIS」に指定しています。

Netscape Navigator 4.x と Internet Explorer 4.0 向けの文字色と背景色を指定しています。

リンクした画像の周りに表示される枠線を消すための指定です。本来は「border: none;」の指定のみでよいのですが、Netscape Navigator 4.x の場合その方法では枠線が消えません。そのため、color プロパティで枠線の色を背景色と同じに設定して枠線が見えないようにしています。

import.css

```css
@import "base.css";
```

base.css

```css
@charset "Shift_JIS";

/* 全体構造
------------------------------------------------ */
body {
  margin: 0;
  padding: 0;
  color: #333333;
  background: #e5e5dd url(../images/back.jpg) repeat-y;
}
#wrapper {
  width: 777px;
}

/* ヘッダ
------------------------------------------------ */
#header {
  width: 777px;
  height: 80px;
  color: #333333;
  background: url(../images/header.jpg) no-repeat;
}
h1 {
  margin: 0;
  position: absolute;
  left: 0;
```

この外部 CSS の文字コードを「Shift_JIS」に指定しています。コメントで日本語を使っているので必要となります。

body 要素のマージンとパディングを「0」にし、以下のような背景画像を縦に繰り返して表示させています。

ページ一番上の部分に、以下のような背景画像を繰り返さずに表示させています。

01 | 01 | トップページ型 >> トップページ A

```css
  top: 31px;
}

/* グローバル・ナビゲーション
------------------------------------------------ */
#header ul {
  margin: 0;
  list-style: none;
}
#header li {
  margin: 0;
  padding: 0;
  position: absolute;
  top: 32px;
  height: 34px;
  text-indent: -9999px;
}
#header li#top      { left: 526px; width: 31px; }
#header li#about    { left: 558px; width: 43px; }
#header li#clients  { left: 602px; width: 46px; }
#header li#services { left: 649px; width: 60px; }
#header li#faq      { left: 710px; width: 30px; }
#header li a {
  text-decoration: none;  /* ■Firefox などで線が表示されないようにする */
  display: block;
  height: 34px;
}
#header li#top a:hover {
  background: url(../images/gnavi.jpg) 0 0;
}
#header li#about a:hover {
  background: url(../images/gnavi.jpg) -32px 0;
}
#header li#clients a:hover {
  background: url(../images/gnavi.jpg) -76px 0;
}
#header li#services a:hover {
  background: url(../images/gnavi.jpg) -123px 0;
}
#header li#faq a:hover {
  background: url(../images/gnavi.jpg) -184px 0;
}

/* 大きな画像
------------------------------------------------ */
#cover {
```

ページ右上のナビゲーション部分を設定しています。この部分は XHTML ではリストになっていますが、リストのマーカーを消し、各項目に含まれているテキストに負のインデントを指定することで、画面には表示されないようにしています(「display: none;」でテキストを消すと一部の音声ブラウザで読み上げられなくなるため)。

リストの各項目に含まれる a 要素には、「display: block;」が指定されています。こうして a 要素をブロックレベルに変換すると、幅と高さが指定できるだけでなく、そのボックス全体がリンクとして反応するようになります。ここでは「text-decoration: none;」も指定していますが、これは Firefox などの Mozilla 系ブラウザで余分な線が表示されるバグの回避策です。

あとは a 要素のボックスを絶対配置して、ホーバーの設定をすればナビゲーションの完成です。ホーバー時に表示させる背景画像は、以下のようなひとつの画像「gnavi.jp」の表示位置をずらして利用しています。

01 | 01 | トップページ型 >> トップページA

```css
    margin: 0 0 0 10px;
}
#cover img {
    vertical-align: bottom;
}
/* メイン・コンテンツ
-------------------------------------------------- */
#content {
    margin: 14px 0 0 10px;
    width: 777px;   /* ■IE6 バグ回避に必要。無いと下に隙間ができる */
}
#content div {
    float: left;
    width: 248px;
}
#content h2 {
    margin: 0;
    padding: 0;
    height: 71px;
}
#content a, #content img {   /* ■画像周りの余白を消す */
    display: block;
}
#content a {
    width: 248px;
    height: 71px;
}
#new h2 {
    background: url(../images/h2back1.jpg) 0 22px no-repeat;
}
#feature01 h2 {
    background: url(../images/h2back2.jpg) 0 22px no-repeat;
}
#feature02 h2 {
    background: url(../images/h2back3.jpg) 0 22px no-repeat;
}
#content p {
    margin: 0 0 20px;
    width: 236px;
    font-size: x-small;
    line-height: 1.4;
}

/* フッタ
-------------------------------------------------- */
#footer {
```

vertical-align プロパティのデフォルト値は「baseline」のため、そのままだと画像の下にわずかな隙間ができます。その隙間をなくすために「bottom」を指定しています。

3段組部分(content で指定した部分)は、3つの段すべてに「float: left;」を指定することで実現しています。この時、3つの段全体を囲む要素に幅を指定しないと、Internet Explorer では画面下に余分な隙間ができます。

ここでも a 要素に「display: block;」を指定し、幅と高さを設定したボックス全体をリンクとして機能させています。また、ここでは img 要素をブロックレベルにすることで、画像の下にできる隙間をなくしています。

それぞれ以下の画像を背景として表示させています。

01 | 01 | トップページ型 >> トップページ A

```css
  clear: both;
  margin: 0 0 0 10px;
  border-top: 1px solid #cbcbcb;
  position: relative;
  width: 732px;
}
#footer ul {
  margin: 0;
  list-style: none;
}
#footer li {
  margin: 0;
  padding: 0;
  position: absolute;
  top: 8px;
  height: 19px;
  text-indent: -9999px;
}
#footer li a {
  text-decoration: none;  /* ■Firefox などで線が表示されないようにする */
  display: block;
  height: 19px;
}
#footer li#info    {
  left: 677px;
  width: 55px;
  background: url(../images/info.gif) no-repeat;
}
#footer li#sitemap {
  left: 604px;
  width: 73px;
  background: url(../images/sitemap.gif) no-repeat;
}
#footer li#privacy {
  left: 532px;
  width: 73px;
  background: url(../images/privacy.gif) no-repeat;
}
#footer p {
  margin-top: 10px;
  font-size: x-small;
  color: #666666;
  background: transparent;
}
```

まず、上の部分で float プロパティを使っているので、それをクリアします。そして、中に含まれる要素を絶対配置する際の基準ボックスとするために、フッタに「position: relative;」を指定しておきます。

コピーライトのテキストはそのまま普通に表示させ、ナビゲーションはページ右上のものと同様の方法で絶対配置しています。以下の背景画像を使用しています。

| 01 | 01 | トップページ型 >> トップページA |

応用編
背景画像と組み合わせることで、印象を変える

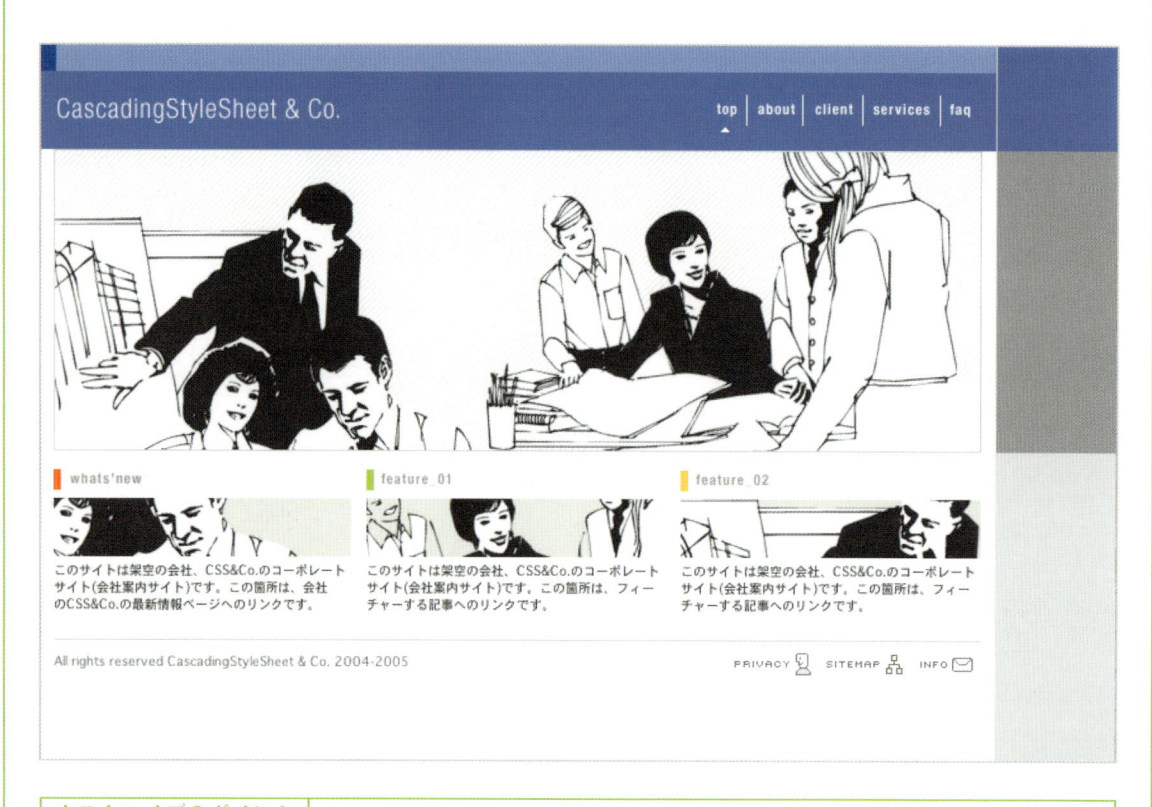

カスタマイズのポイント

- 背景画像とヘッダ部分を入れ換え、雰囲気を変えてみる
- CSSによる基本的なインタラクションを追加する

#1 背景画像を工夫することで、余白を意識させないレイアウトに

レイアウトはそのままで印象を変える

　まずは、手始めにCSSのレイアウトそのものはあまり変えずに、背景画像、ヘッダ画像などを入れ換えて、印象を大きく変える方法を考えてみましょう。

　01_01のサンプルは、800×600の標準モニタを想定したフローズン（固定）レイアウトです。サンプルでは、やや立体的に影のついたような画像を罫線として用いることで、コンテンツ部分と、その他の余白を区切っています。

01 | 01 | トップページ型 >> トップページA

しかし、大きいサイズのモニタを使用しているユーザーには、余白部分がやや寂しく見えてしまうかもしれません。そこで、背景画像を上手く利用して、余白があまり目立たないレイアウトに変更してみます。HTML の構造自体には、ほとんど大きな手を加えなくても、イメージチェンジを図ることができます。

背景画像を上部に配置された画像と組み合わせることで、実際のレイアウト以上に画像の印象を大きくし、グラフィカルな印象を与えることができます。

POINT
フローズンレイアウトとリキッドレイアウト

一般に、横幅固定のレイアウトを"フローズン"レイアウト、ブラウザのサイズに応じて横幅可変のレイアウトを"リキッド"レイアウト、と呼んでいます。CSS では、双方のレイアウトの記述が可能です。リキッドレイアウトについては、03_02 の応用編で解説しています。

背景画像を上手く使用する
背景画像を上手く組み合わせることで、ブラウザの横幅を変更しても違和感が出ない。

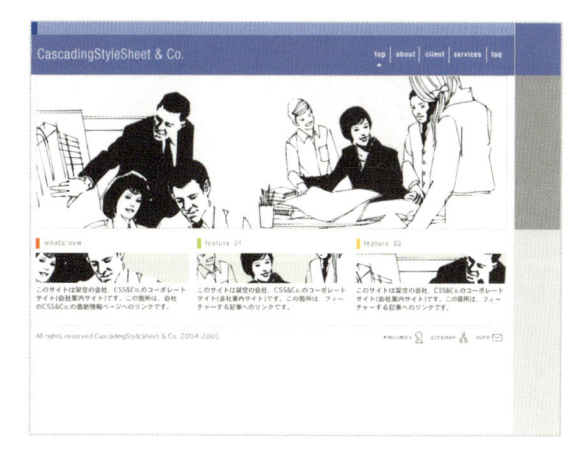

素材画像の作成

今回、入れ換える画像は、
- 背景画像（back.jpg）
- ヘッダ画像（header.jpg）
- タイトル画像（logo.gif）
- ヘッダメニューのロールオーバー用画像（gnavi.jpg）

の 4 箇所です。今回の場合、サンプルの都合上、画像の入れ換えがやや細かくなりますが、「背景などの画像を入れ換えることで雰囲気を変えることができる」という大筋だけ理解してください。

まずは、使用する画像を、Adobe Photoshop（以下、Photoshop とします）で用意します。用意する画像は、背景画像とヘッダ部分の画像です。もともと、このレイアウトは横幅 760px 以内（800 × 600 サイズのモニタの最大表示可能領域）に収まるように設計されていますが、それよりも大きな画面で見ているユーザーにも違和感がないようなレイアウトにしてみましょう。

POINT
レイアウトの適切なサイズ

一般に、SVGA のモニタ（800 × 600）では 760 × 420、XGA（1024 × 768）では 955 × 600、SXGA（1280 × 1024）では 1240 × 844、UXGA（1600 × 1200）では 1560 × 1020 が、「表示可能」な領域だとされています。

01　01　トップページ型 >> トップページA

入れ替え用背景画像（back02.gif）
この背景画像の場合、タイリングで表現することがむずかしいため、今回は一枚絵を貼り付ける方法をとっています。そのため、大きなモニタで見ても画像が切れないように 2500×2500px の大きな画像にしなければなりませんが、4色しか使っていない GIF 画像なので、サイズは 18k ほどです。

入れ替え用ヘッダ画像（header02.gif）
ヘッダはサンプル（01_01 基礎編）と雰囲気を変えるために、ブルー基調の画像を使用します。

入れ替え用タイトル画像（logo02.gif）
タイトル画像も同様に、青地に白ヌキのものを用意します。

入れ替え用ヘッダメニューのロールオーバー画像（gnavi02.gif）
この箇所のロールオーバーは、JavaScript ではなく、CSS を利用したロールオーバーです。CSS ロールオーバーについては、01_02 応用編でくわしく説明します。ここでは、このような画像を差し換えるということだけ覚えておいてください。

POINT

タイリング
背景画像を繰り返し表示させることを「タイリング」といいます。HTML だけで背景画像を表示させようとすると、横方向（x 軸方向）、縦方向（y 軸方向）、双方に自動的に繰り返して表示されてしまいます。しかし、CSS を使うことで、x 軸あるいは y 軸のみ繰り返し、x 軸 y 軸双方に繰り返し、繰り返さず一度だけ表示させる、などさまざまなオプションで背景画像をコントロールすることができます。

01　01　トップページ型 >> トップページ A

背景画像の配置

　素材画像が用意できたら、html 上で実際に配置してみましょう。使用するファイルは、「index.html」と、そのレイアウトを指定しているスタイルシートファイル、「base.css」の 2 つです。両者を Dreamweaver で開きます。

　まず、「base.css」の body 要素、header セレクタ以下を、下記のように書き換えます。background プロパティは、画像名を「back02.gif」に入れ換え、背景色を白（#ffffff）、タイリング無し（no-repeat）と書き換えます。

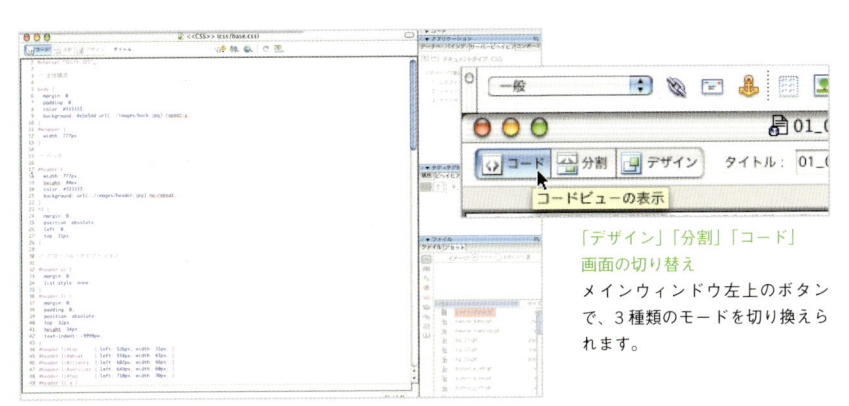

Dreamweaver で [コード] を開く
Dreamweaver のソースコード画面で css ファイルを直接開き、記述を変更します。

「デザイン」「分割」「コード」画面の切り替え
メインウィンドウ左上のボタンで、3 種類のモードを切り換えられます。

POINT

Dreamweaver のコードビュー
Dreamweaver のメイン画面には「デザイン」モード、「分割」モード、「コード」モードの 3 種類があります。使用者のスキルに応じて、柔軟な使い方ができるようになっています。本書では「コード」モードでの使用を中心に説明しますが、それは、Dreamweaver の「デザイン」画面の表示は、まだ不完全で、最新の HTML ／ CSS コーディングを正確にプレビューできないからです。

base.css

```css
/* 全体構造
-------------------------------------------------- */
body {
  margin: 0;
  padding: 0;
  color: #333333;
  background: #ffffff url(../images/back02.gif) no-repeat;
}
#wrapper {
  width: 777px;
}

/* ヘッダ
-------------------------------------------------- */
#header {
  width: 777px;
  height: 80px;
  color: #333333;
  background: url(../images/header02.gif) no-repeat;
```

01 | 01 | トップページ型 >> トップページA

```css
}

〜中略〜

/* グローバル・ナビゲーション
---------------------------------------------------- */

〜中略〜

#header li#top a:hover {
  background: url(../images/gnavi02.gif) 0 0;
}
#header li#about a:hover {
  background: url(../images/gnavi02.gif) -32px 0;
}
#header li#clInternet Explorernts a:hover {
  background: url(../images/gnavi02.gif) -76px 0;
}
#header li#services a:hover {
  background: url(../images/gnavi02.gif) -123px 0;
}
#header li#faq a:hover {
  background: url(../images/gnavi02.gif) -184px 0;
}

〜後略〜
```

背景画像、ヘッダ画像、ロールオーバー画像を変更する

　次に、同様に「index.html」を開き、ロゴ部分に使用している画像を変更します。`<div id="header">`内の、h1要素でくくられた画像ファイル名を、「images/logo.gif」から「images/logo02.gif」のように変更するだけです。

index.html

```html
<div id="header">
<h1><img src="images/logo02.gif" width="248" height="36"
 alt="Cascading Style Sheet &amp; Co." /></h1>

〜中略〜

</div>
```

ロゴ画像を変更する

| 01 | 01 | トップページ型 >> トップページ A |

完成した画面
ブラウザのウィンドウサイズをリサイズし、背景画像が上手くタイリングされているか確認します。

#2 | CSS によるインタラクション

基本的なインタラクションの作成

次に、CSS を利用して、トップページレイアウト下部の画像ボタンに基本的なインタラクション（ロールオーバー）を付加します。ここでは、マウスオーバー時、ボタンに光が当たって薄くなったような効果を付け加えます。

TERM

ロールオーバー
カーソルが対象物の上に触れたとき、なんらかのアクションを起こさせるような仕掛けのこと。

TERM

マウスオーバー
カーソルが対象物の上に触れた状態のこと。

ロールオーバーで変化する画像
ちょっとしたインタラクションですが、これによって、この場所にリンクが貼られているということが明確にユーザーに伝わります。

素材画像の作成

まず下準備として、ロールオーバーに使用する画像を、Photoshop で作ってみましょう。
既に「what's new」に使用されている画像、「h2back1.jpg」を Photoshop で開きます。この画像を利用して"マウスオーバー時"の画像を作ります（念のためレイヤーを複製してから、複製レイヤーのほうで作業するようにしましょう）。
［イメージ／色調補正／色相・彩度...］で、［色相・彩度］を開きます。彩度と明度を、

023

01 | 01 トップページ型 >> トップページA

それぞれ「+40」してください。

最後に、[編集/ Web用に保存 ...]を選び、jpgファイルとして保存します。この際、必ず元ファイルとは違う名前を付けてください。名前は任意のものでかまいません。ここでは「h2back1_on.jpg」と名付けておきます。

以下同様に、「h2back2.jpg」(「feature_01」の画像ボタン)、「h2back3.jpg」(「feature_02」の画像ボタン) を利用して、「h2back2_on.jpg」、「h2back3_on.jpg」の画像を作ります。

変更前(左)と、変更後(右)の画像
Photoshopで、ボタン画像の彩度と明度を変更します。マウスオーバー時に左の画像が右の画像に入れ換わります。

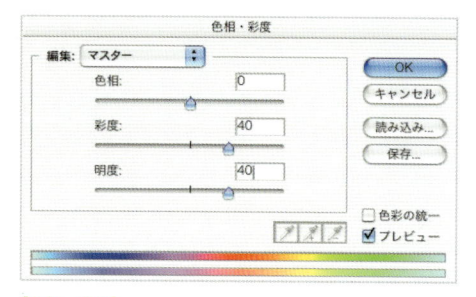

[色相・彩度]
Photoshopの[色相・彩度]です。光が当たってすこし色が薄くなったような状態を想定し、画像の色合いを変化させます。

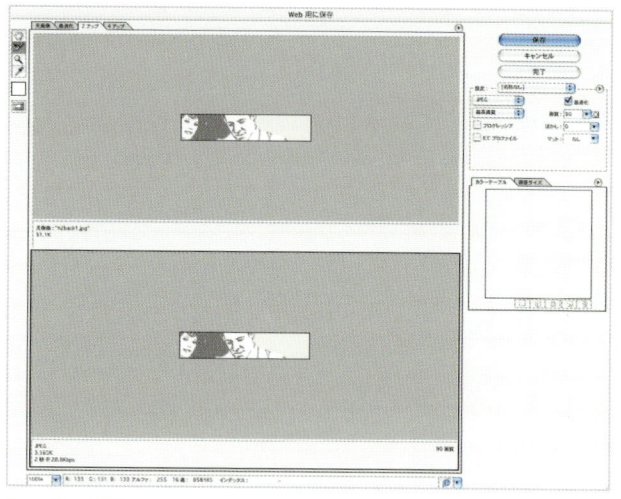

[Web用に保存]
必ず元ファイルとは別名にして保存してください。ファイル名を変更しないと、元ファイルが上書きされてしまいます。

CSSによるロールオーバーの記述

では、いよいよロールオーバーを設定してみましょう。通常、ロールオーバーには、JavaScriptで記述する"画像スワップ"がよく用いられていますが、ここではCSSを利用したロールオーバーを学びます。

「base.css」を開き、赤字の部分の記述を書き加えてください。ここでは、"疑似クラス"である「hover(ホバー、もしくはホーバーと発音します)」を用いて、ロールオーバーのような効果を演出しています。

POINT

疑似クラス
リンク状態や、カーソルの形状など、変化のあるものを指定するための書式です。リンクが張られたものの、クリック前/クリック後、マウスオーバー時/クリック時、などの状態をCSSでコントロールすることができます。

01 | 01 | トップページ型 >> トップページA

```css
base.css

#new h2 {
  background: url(../images/h2back1.jpg) 0 22px no-repeat;
}
#new h2 a:hover {
  background: url(../images/h2back1_on.jpg) 0 22px no-repeat;
}
#feature01 h2 {
  background: url(../images/h2back2.jpg) 0 22px no-repeat;
}
#feature01 h2 a:hover {
  background: url(../images/h2back2_on.jpg) 0 22px no-repeat;
}
#feature02 h2 {
  background: url(../images/h2back3.jpg) 0 22px no-repeat;
}
#feature02 h2 a:hover {
  background: url(../images/h2back3_on.jpg) 0 22px no-repeat;
}
```

CSSによるロールオーバー

　ブラウザで「index.html」をプレビューしてみてください。ちょうどJavaScriptで設定したものと同じようなロールオーバー効果が見られるはずです。

完成した画面
カーソルの挙動に応じて、ボタンの画像が変化します。

01 | 02 トップページ型 トップページ B

基本編

左サイドにナビゲーションを配した トップページ

用途

- コーポレートサイトのトップページ
- ポータルサイトのトップページ
- グローバルナビゲーションを一定の場所に置くことで、分かりやすさを演出したい場合

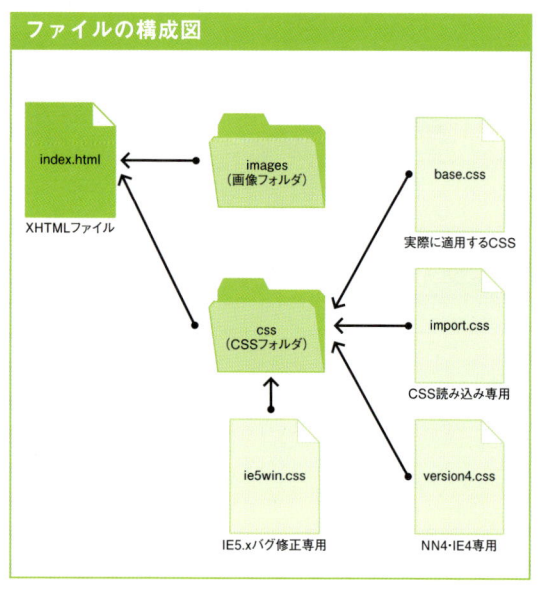

ファイルの構成図

- **index.html** — XHTMLファイル
- **images（画像フォルダ）**
- **css（CSSフォルダ）**
- **base.css** — 実際に適用するCSS
- **import.css** — CSS読み込み専用
- **ie5win.css** — IE5.xバグ修正専用
- **version4.css** — NN4・IE4専用

01 | 02　トップページ型 >> トップページ B

レイアウトとデザイン

　トップページ B は、左サイド部分にグローバルナビゲーションを配したレイアウトです。このレイアウトもまた、トップページ A（01_01）同様に、テンプレートとして広く汎用的に使うことができるものです。

　トップページ A（01_01）と比べ、サイトの"表紙"としての派手さはやや薄れますが、メインメニューをあらかじめ左サイドに出しておくことで、サイト内部のページとの連続性、まとまり感が出るというメリットがあります。また、グローバルナビゲーションが常に一定の位置にあるので、ネット初心者にも親切な、分かりやすいレイアウトだと言えます。サイト全体のボリュームが多く、ナビゲーションが混乱しがちである場合などに、とくに有効です。

　こうしたレイアウトは、「逆 L 字型」と呼ばれるもので、Web ページのレイアウトとしては典型的なパターンのひとつです。かつてこうしたレイアウトには、frame 要素を利用し、複数の HTML ファイルで構成する方法が多く用いられていました。しかし現在では frame 要素の使用は、ユーザビリティやアクセシビリティ、SEO の観点などからも、あまりおすすめできるものではなくなっています。

　本サンプルでは、CSS を使って、ナビゲーション部分とコンテンツ部分を明確に分けたレイアウトを作ります。

　後半の応用編では、01_01 に引き続き、CSS を使用したインタラクションの応用例について考えてみます。

サンプル CSS の概要

　本サンプルでは、ページのメインとなるコンテンツ部分の左マージンを大きくとり、そこに絶対配置でナビゲーションを配置しています。ナビゲーションは、XHTML 上ではシンプルなリストとしてタグ付けされていますが、ここでは CSS でテキストを消して、代わりに背景画像を表示させています。この段階では個別の画像を単純に表示させているだけですが、応用編では使用する画像を一枚にまとめ、しかもカーソルが上にくると画像が切り換わるようにする方法について説明します。

　このサンプルのようにフッタ部分の背景がページ下まで続いている場合、高解像度のモニタでウィンドウが極端に縦に長く表示される可能性も考慮しておく必要があります。ここでは、フッタ部分の背景は body 要素の背景として指定しておくことで、背景が途中で変わってしまうことを防いでいます。

　また、このサンプルでは Internet Explorer5.0 と 5.5 専用の外部 CSS である「ie5win.css」を読み込んで利用しています。本来、width プロパティはボックスのパディング（padding）やボーダー（border）を含まない範囲の幅を設定するものですが、Internet Explorer5.0 と 5.5 ではパディングやボーダーを含む範囲の幅として設定されます。そのため、width プロパティと同時にパディングやボーダーも指定しているボックスがある場合は、「ie5win.css」で上書きして調整します。

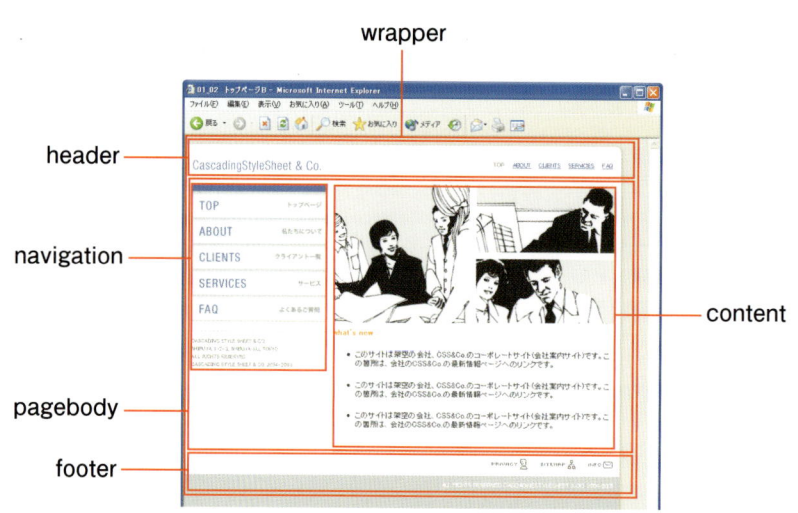

01 02 トップページ型 >> トップページ B

- wrapper
- header
- navigation
- pagebody
- footer
- content

index.html

```
<!DOCTYPE html PUBLIC "-//W3C//DTD XHTML 1.0 Strict//EN"
 "http://www.w3.org/TR/xhtml1/DTD/xhtml1-strict.dtd">
<html xmlns="http://www.w3.org/1999/xhtml" xml:lang="ja" lang="ja">
<head>
<meta http-equiv="Content-Type" content="text/html; charset=Shift_JIS" />
<title>01_02 トップページB</title>
<link rel="stylesheet" href="css/version4.css" type="text/css" />
<link rel="stylesheet" href="css/import.css" type="text/css"
 media="screen,print" />
</head>
<body>

<div id="wrapper">

<div id="header">
<h1><img src="images/logo.gif" width="248" height="36" alt="Cascading
 Style Sheet &amp; Co." /></h1>
<ul>
<li>top</li>
<li><a href="about.html">about</a></li>
<li><a href="clients.html">clients</a></li>
<li><a href="services.html">services</a></li>
<li><a href="faq.html">faq</a></li>
</ul>
</div>

<div id="pagebody">

<div id="content">
<h2>what's new</h2>
```

外部 CSS「version4.css」を読み込んでいます。

外部 CSS「import.css」を読み込んでいます。

header 部分

pagebody 部分

01 | 02 トップページ型 >> トップページ B

```html
<ul>
<li>
<p>
このサイトは架空の会社、CSS&amp;Co. のコーポレートサイト（会社案内サイト）です。
この箇所は、会社の CSS&amp;Co. の最新情報ページへのリンクです。
</p>
</li>
<li>
<p>
このサイトは架空の会社、CSS&amp;Co. のコーポレートサイト（会社案内サイト）です。
この箇所は、会社の CSS&amp;Co. の最新情報ページへのリンクです。
</p>
</li>
<li>
<p>
このサイトは架空の会社、CSS&amp;Co. のコーポレートサイト（会社案内サイト）です。
この箇所は、会社の CSS&amp;Co. の最新情報ページへのリンクです。
</p>
</li>
</ul>
</div>

<div id="navigation">
<ul>
<li id="top"> トップページ </li>
<li id="about"><a href="about.html"> 私たちについて </a></li>
<li id="clients"><a href="clients.html"> クライアント一覧 </a></li>
<li id="services"><a href="services.html"> サービス </a></li>
<li id="faq"><a href="faq.html"> よくあるご質問 </a></li>
</ul>
<address>
Cascading Style Sheet &amp; Co.<br />
Shibuya 1-2-3, Shibuya-ku, Tokyo<br />
All rights reserved<br />
Cascading Style Sheet &amp; Co. 2004-2005
</address>
</div>

</div>    <!-- pagebody 終了 -->

<div id="footer">
<ul>
<li id="info"><a href="info.html"> お問い合わせ </a></li>
<li id="sitemap"><a href="sitemap.html"> サイトマップ </a></li>
<li id="privacy"><a href="privacy.html"> プライバシーポリシー </a></li>
</ul>
```

content 部分

navigation 部分

footer 部分

01 02 トップページ型 >> トップページ B

```html
<p>
All rights reserved CascadingStyleSheet &amp; Co. 2004-2005
</p>
</div>


</div>     <!-- wrapper 終了 -->


</body>
</html>
```

version4.css

```css
@charset "Shift_JIS";

body {
  color: #000000;
  background: #ffffff;
}
a img {
  border: none;
  color: #ffffff;
  background: transparent;
}
```

Netscape Navigator 4.x と Internet Explorer 4.0 向けの指定です。ページ全体の文字色と背景色を設定し、リンクした画像の周りに表示される枠線を消しています。

import.css

```css
@charset "Shift_JIS";

@import "base.css";

@media tty {
 i{content:"¥";/*" "*/}} @import 'ie5win.css'; /*";}
}/* */
```

通常の方法で「base.css」を読み込んだ後に Internet Explorer 5.0 と 5.5 だけが読み込む裏ワザを使って「ie5win.css」を読み込んでいます。こうしておくことで、Internet Explorer 5.0 と 5.5 で問題が発生した場合には、「ie5win.css」内で必要な値を上書きして修正できます。

base.css

```css
@charset "Shift_JIS";

/* 全体構造
-------------------------------------------------- */
body {
  margin: 0;
  padding: 0;
  color: #333333;
  background: #e5e5dd url(../images/back.jpg) repeat-y;
}
```

body 要素のマージンとパディングを「0」に設定し、背景画像を指定しています。ウィンドウを縦方向に長くした場合に、フッタより下の部分の色が途中で変わってしまうことのないように body 要素にはフッタ部分の背景として表示させる画像を指定しています。

01 | 02 トップページ型 >> トップページ B

```css
#wrapper {
  width: 777px;
  color: #333333;
  background: url(../images/back-body.jpg) repeat-y;
}

/* リンク
------------------------------------------------ */
a:link {
  color: #3366ff;
  background: transparent;
}
a:visited {
  color: #800080;
  background: transparent;
}
a:hover, a:active {
  color: #ff9933;
  background: transparent;
}

/* ヘッダ
------------------------------------------------ */
#header {
  padding-top: 31px;
  color: #999999;
  background: url(../images/back-header.jpg) no-repeat;
}
h1 {
  margin: 0;
  float: left;
  width: 248px;
  font-size: small;
}
h1 img {
  vertical-align: bottom;
}
#header ul {
  margin: 0;
  padding: 10px 39px 0 0;
  float: right;
  width: 490px;
  list-style: none;
  text-align: right;
  line-height: 1.0;
    /* ■この指定が無いとブラウザ毎に縦位置が変る */
```

wrapperには幅を指定し、コンテンツ部分の背景とする背景画像を指定しています。

ページ全体のリンクの色を設定しています。

ヘッダ部分には、以下の背景画像を繰り返さずに表示させています。

ヘッダ内に含まれるh1要素（ロゴ画像）には「float: left;」、ul要素（右上のナビゲーション）には「float: right;」を指定しています。ul要素内の各項目はdisplayプロパティでインライン表示に変換しています。ここでも画像の下に隙間ができないように「vertical-align: bottom;」を指定し、さらにh1要素のフォントサイズを小さめに設定しておきます。

031

01 | 02 | トップページ型 >> トップページ B

```css
}
#header li {
  display: inline;
  padding-left: 1em;
  text-transform: uppercase;
  font-size: x-small;
}

/* ページ本体
-------------------------------------------------- */
#pagebody {
  clear: both;
  position: relative;
  width: 777px;   /* ■IE用バグ対策 */
  padding-top: 12px;
}

/* コンテンツ
-------------------------------------------------- */
#content {
  padding: 241px 0 1.2em;
  margin-left: 258px;
  border-bottom: 1px solid #cccccc;
  width: 484px;
  color: #333333;
  background: url(../images/cover.jpg) no-repeat;
}
#content h2 {
  font-size: small;
  color: #ff9933;
  background: transparent;
}
#content li {
  font-size: small;
}

/* ナビゲーション
-------------------------------------------------- */
#navigation {
  position: absolute;
  top: 12px;
  left: 10px;
  width: 236px;
  border-top: 13px solid #3366ff;
}
#navigation ul {
```

ヘッダで float プロパティが使われているので、まずそれをクリアします。次に、左側のナビゲーションを絶対配置する際の基準ボックスとする目的で、「position: relative;」を指定します。このボックスに幅を設定しているのは、Internet Explorer で表示が崩れることを避けるためです。

上のパディングを大きくとり、そこに以下の画像を背景として表示させています。また、ナビゲーションを配置する領域を確保するために、左マージンを設定しています。

コンテンツの左マージンとして空けた領域にナビゲーションを絶対配置しています。

01 | 02　トップページ型 >> トップページ B

```css
    margin: 0 0 1em;
    padding: 0;
    border-top: 1px solid #cccccc;
    border-bottom: 1px solid #cccccc;
    list-style: none;
}
#navigation li {
    margin: 0;
    padding: 0;
    width: 236px;
    height: 43px;
    text-indent: -9999px;
}
#navigation li a {
    text-decoration: none;
        /* ■Firefoxなどで線が表示されないようにする */
    display: block;
    width: 236px;
    height: 43px;
}
#navigation li#top      {
    background: url(../images/nav_01_off.gif) no-repeat;
}
#navigation li#about    {
    background: url(../images/nav_02_off.gif) no-repeat;
}
#navigation li#clients  {
    background: url(../images/nav_03_off.gif) no-repeat;
}
#navigation li#services {
    background: url(../images/nav_04_off.gif) no-repeat;
}
#navigation li#faq      {
    background: url(../images/nav_05_off.gif) no-repeat;
}

#navigation address {
    margin: 0;
    padding: 1em 0 0 1px;
    border-top: 1px solid #cccccc;
    font-style: normal;
    font-size: xx-small;
    text-transform: uppercase;
    line-height: 1.5;
    color: #999999;
    background: transparent;
}
```

ナビゲーション内のul要素は「list-style: none;」でマーカーを消し、各項目のテキストは負のインデントで表示されないようにしています。そして、各項目に含まれるa要素をブロックレベルに変換して幅と高さを指定し、そこに次のような背景画像を表示させています。a要素に「text-decoration: none;」を指定しているのは、FirefoxなどのMozilla系ブラウザで余分な線が表示されるバグを回避するためです。

XHTML上でアルファベットをすべて大文字にしてしまうと、音声ブラウザなどの環境で正しく読み上げられなくなる可能性があります。そのため、ナビゲーション下のテキストは、CSSのtext-transformプロパティを使って大文字に変換して表示させています。

| 01 | 02 | トップページ型 >> トップページ B |

```
/* フッタ
-------------------------------------------------- */
#footer ul {
    margin: 0;
    padding-right: 31px;
    list-style: none;
}
#footer li {
    margin: 9px 0 10px 9px;
    padding: 0;
    height: 19px;
    text-indent: -9999px;
}
#footer li a {
    text-decoration: none;
        /* ■Firefox などで線が表示されないようにする */
    display: block;
    height: 19px;
}
#footer li#info    {
    float: right;
    width: 55px;
    background: url(../images/info.gif) no-repeat;
}
#footer li#sitemap {
    float: right;
    width: 73px;
    background: url(../images/sitemap.gif) no-repeat;
}
#footer li#privacy {
    float: right;
    width: 73px;
    background: url(../images/privacy.gif) no-repeat;
}
#footer p {
    clear: right;
    margin: 0;
    padding: 1em 35px 1em 0;
    width: 742px;
    text-align: right;
    text-transform: uppercase;
    font-size: x-small;
    color: #ffffff;
    background: url(../images/back.jpg) repeat-y;
}
```

ページ下の PRIVACY、SITE MAP、INFO という部分は、XHTML では ul 要素としてタグ付けされています。ここでも、その中に含まれるテキストに負のインデントを指定して表示されないようにし、a 要素をブロックレベルに変換して、その中に背景画像を表示させています。各 li 要素には「float: right;」を指定することで、右寄せで並べて表示させています。

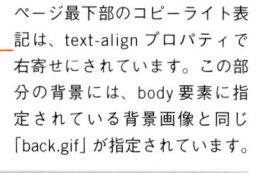

ページ最下部のコピーライト表記は、text-align プロパティで右寄せにされています。この部分の背景には、body 要素に指定されている背景画像と同じ「back.gif」が指定されています。

| 01 | 02 | トップページ型 >> トップページ B |

ie5win.css

```
@charset "Shift_JIS";

/* フッタ
---------------------------------------------------- */
#footer p {
  width: 777px;
}
```

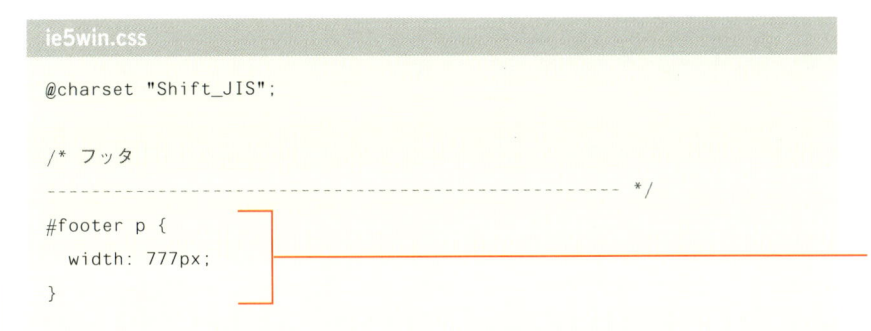

「base.css」では、フッタ内のp要素に幅742pxと右パディング35pxを指定しています。Internet Explorer 5.xではパディングを含んだ幅を指定する必要があるため、ここでは「777px(742+35)」で上書きしています。

| 01 | 02 | トップページ型 >> トップページ B |

応用編

CSS によるインタラクション

カスタマイズのポイント

・CSS によるインタラクションを理解する

#1　CSS によるロールオーバーの基本

Photoshop で画像を用意する

　01_01 では、CSS による基本的なロールオーバーのやりかたを学びました。この章では、CSS によるインタラクションについて、もうすこし突っ込んで解説しましょう。
　まずは、01_01 同様、シンプルなロールオーバーを作ります。
　そもそも"ロールオーバー"とは、マウスカーソルがあるオブジェクトに乗ったとき、"画像 A →画像 B"に変化させるようなアクションのことです。したがって、あら

| 01 | 02 | トップページ型 >> トップページ B |

かじめ画像 A、画像 B、2 種類の画像を Photoshop などの画像作成ソフトで用意しておく必要があります。サンプルのメニューボタンを例に挙げてみましょう。

ボタン画像の変化／パターン1
ドロップシャドウ、あり／なしで変化をつける案。

ボタン画像の変化／パターン2
左端にバーが出る案。

ボタン画像の変化／パターン3
色を反転させる案。

　画像変化のパターンをいくつか作ってみました。できれば、微妙な色の変化や控えめなエフェクトにとどめておくのが、コツです（実際に使う段になってみると分かるのですが、目立ち過ぎる変化は、ややうるさく感じられるのです）。もちろん、ユーザーがハッキリと視認できる変化でなければなりません。今回のカスタム例では、"パターン 1"でやってみましょう。

　Photoshop で画像を作り、［ファイル／ Web 用に保存 ...］で、jpg もしくは gif ファイルとして保存します。保存先は「index.html」と同じ階層の「images」フォルダ内に指定してください。この際、ファイル名は任意のものでかまいません。ここでは「nav_01_off.gif」および「nav_01_on.gif」とします。

通常時のメニュー画像と、マウスオーバー時の画像
あとで分からなくならないように、通常時を「_off」、マウスオーバー時を「_on」というルールでファイル名を付けています。

037

01 | 02　トップページ型 >> トップページ B

CSS でマウスオーバーを設定する

　さて、いよいよマウスオーバーを設定してみましょう。基本的なやりかたは、すでに 01_01 で説明したのと同じです。リンクで、マウスカーソルが上にあるときの状態を示すセレクタ「hover」を用いて、ロールオーバーのような効果を演出します。ボタンの各画像は、li 要素の背景画像として指定されています。

　細かい部分は分からなくても、「base.css」に、赤字の箇所を書き加えていけば大丈夫です。ひとつだけ注意としては、ボタン画像は 5 つ作りましたが、このページは "TOP" ページなので、一番上の TOP ページボタンにはリンクを張らず、マウスオーバーも設定する必要がありません。画像も初期状態で「nav_01_on.gif」のほうにしておきます。

　では、まず ABOUT ページボタンの箇所に下記のような記述を加えてみましょう。「a:hover」の記述と、画像ファイル名に注意してください。

base.css

```
/* ナビゲーション
-------------------------------------------------- */

～中略～

#navigation li#about       {
    background: url(../images/nav_02_off.gif) no-repeat;
}
#navigation li#about   a:hover    {
    background: url(../images/nav_02_on.gif) no-repeat;
}
～後略～
```

CSSによるマウスオーバーの設定（ABOUTページボタン）

　以下、同様に書き加えて完成させます。

base.css

```
/* ナビゲーション
-------------------------------------------------- */

～中略～

#navigation li#top       {
    background: url(../images/nav_01_on.gif) no-repeat;
}
#navigation li#about       {
    background: url(../images/nav_02_off.gif) no-repeat;
}
#navigation li#clients     {
```

01 | 02 | トップページ型 >> トップページB

```css
    background: url(../images/nav_03_off.gif) no-repeat;
}
#navigation li#services {
    background: url(../images/nav_04_off.gif) no-repeat;
}
#navigation li#faq      {
    background: url(../images/nav_05_off.gif) no-repeat;
}


/* ■マウスオーバー時の指定 */

#navigation li#about    a:hover   {
    background: url(../images/nav_02_on.gif) no-repeat;
}
#navigation li#clients  a:hover   {
    background: url(../images/nav_03_on.gif) no-repeat;
}
#navigation li#services a:hover   {
    background: url(../images/nav_04_on.gif) no-repeat;
}
#navigation li#faq      a:hover   {
    background: url(../images/nav_05_on.gif) no-repeat;
}

～後略～
```

CSSによるマウスオーバーの設定

　以上で完成です。「index.html」を、ブラウザで開いてみてください。ロールオーバーがちゃんと設定されているのを確認できれば、終了です。

01 | 02 | トップページ型 >> トップページ B

#2 | CSS によるロールオーバーの応用

画像を切り分けないですむ方法

次は、同じメニューのロールオーバー効果を、もう少し効率のよいやりかたで実現できないか、他の方法を考えてみましょう。

前項のロールオーバーは、ひとつひとつの画像を切り分けて、li 要素の背景画像として指定しました。CSS では、この背景画像の表示位置（座標位置）が指定できます。まずは、次のような、ボタン全てが合体した画像を用意します。

ナビゲーションメニュー
一枚の大きなナビゲーションメニューの画像を用意します。

CSS で画像の位置をずらすことによって、ロールオーバーのような効果を与える

CSS では、ボックス要素の背景画像の表示位置をコントロールできます。background プロパティに、表示位置の座標を記述してみましょう。

座標は、画像の左上を始点とし、x 座標（横方向）、y 座標（縦方向）の順で指定します。

使っている画像は「nav.gif」のひとつだけですが、位置をずらして表示することで、あたかも複数のボタン画像があるように表示されます。

これで、完成です。ブラウザで表示を確かめてみてください。

```
base.css

/* ナビゲーション
-------------------------------------------------- */

～中略～

#navigation li#top        {
  background: url(../images/nav.gif) no-repeat -236px 0px;
}
#navigation li#about      {
  background: url(../images/nav.gif) no-repeat 0px -43px;
}
#navigation li#clients    {
  background: url(../images/nav.gif) no-repeat 0px -86px;
```

| 01 | 02 | トップページ型 >> トップページ B |

```css
}
#navigation li#services {
   background: url(../images/nav.gif) no-repeat 0px -129px;
}
#navigation li#faq      {
   background: url(../images/nav.gif) no-repeat 0px -172px;
}


/* ■マウスオーバー時の指定 */

#navigation li#top a:hover      {
   background: url(../images/nav.gif) no-repeat -236px 0px;
}
#navigation li#about a:hover    {
   background: url(../images/nav.gif) no-repeat -236px -43px;
}
#navigation li#clients a:hover  {
   background: url(../images/nav.gif) no-repeat -236px -86px;
}
#navigation li#services a:hover {
   background: url(../images/nav.gif) no-repeat -236px -129px;
}
#navigation li#faq a:hover      {
   background: url(../images/nav.gif) no-repeat -236px -172px;
}

～後略～
```

ひとつの画像を用い、表示位置をコントロールすることで、複数のボタンおよびマウスオーバー時の効果を表現

ナビゲーションメニューの座標説明
左上を始点とし、そこからの距離で表示位置をコントロールしています。

CHAPTER 02

段組み型／逆L字型
（2コラム）

CONTENTS

02_01 2コラムA（フローズン）
 基本編：ブラウザのウインドウサイズに関わらない横幅固定の、2コラム型レイアウト
 応用編：文字サイズの可変ボタン

02_02 2コラムB（リキッド）
 基本編：ブラウザウィンドウの幅に追従し伸縮可能な、2コラム型レイアウト
 応用編：リキッドレイアウトに対応したタイトル画像の使用法

| 02 | 01 | 段組み型／逆L字型（2コラム）
2 コラム A（フローズン）

基本編

ブラウザのウィンドウサイズに関わらない
横幅固定の、2コラム型レイアウト

用途

・サイドにメニューを配したコンテンツ
・2コラム型の典型的なレイアウトのページ
　（フローズンタイプ）

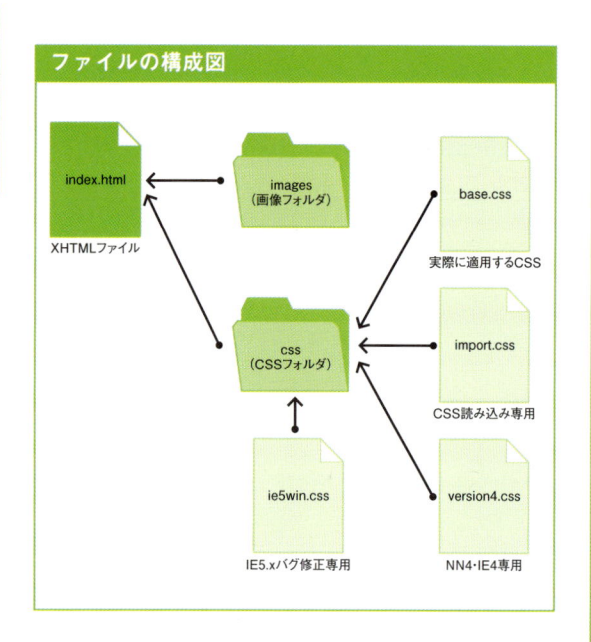

ファイルの構成図

- index.html（XHTMLファイル）
- images（画像フォルダ）
- css（CSSフォルダ）
- base.css（実際に適用するCSS）
- import.css（CSS読み込み専用）
- ie5win.css（IE5.xバグ修正専用）
- version4.css（NN4・IE4専用）

02 01 段組み型／逆 L 字型（2 コラム）>>2 コラム A（フローズン）

レイアウトとデザイン

　02_01 では、左サイドにナビゲーションを置き、メインとなるスペースにコンテンツを配した、典型的な 2 コラム型のレイアウトを説明します。

　ナビゲーション＋コンテンツという、Web ページとしては、非常にシンプルで基本的な構成です。日本のサイトでは最も多く見られるレイアウトで、構成がシンプルなのでカスタムしやすく、バリエーションも持たせやすいテンプレートです。

　3 章で説明する"3 コラム型のレイアウト"よりも、メインコンテンツ部分に余裕がありますので、比較的ゆったりと文字組みができます。

　また、ユーザーが閲覧する際、ブラウザ側で文字の大きさを変えてもあまり違和感がないので、ユーザビリティに配慮したレイアウトともいえます。

　後半の応用編で説明する文字サイズの可変ボタンは、多くのユーザーが閲覧するポータルサイトなどでは、しばしば使われています。CSS をスイッチする、こうしたボタンの設置には、JavaScript も併用することになります。応用編では、この文字サイズを変えるボタンの付けかたを学習します。

サンプル CSS の概要

　これ以降の 4 つのサンプル（02_01 〜 03_02）は、一見似ていますが、XHTML での内容の順序や CSS での配置方法がそれぞれ異なっています。

　本サンプルでは全体の幅を固定し、右の段には「float: right;」、左の段には「float: left;」を指定することで 2 段組にしています。この方法の一番の利点は、XHTML 上でのコンテンツの順序に関わらず、左右どちら側にでも自由に配置できることです。

　たとえば、音声ブラウザなどでページ内容を読み上げる場合、XHTML 上でサイドバーの後に本文の内容があると、先にサイドバーに含まれるナビゲーションなどの情報が長々と読み上げられて、なかなか本文へ進めない場合があります。このサンプルの CSS の配置パターンを使えば、XHTML 上ではサイドバーの前に本文を配置しておくことができるので、音声ブラウザでもすぐに本文が読み上げられるというわけです。

　本サンプルの左の段では、01_02 の応用編で改良したナビゲーションを使用しています。これ以降の 4 つのサンプルでは、ナビゲーションの CSS での配置方法については異なりますが、ナビゲーション自体の表示方法（背景画像の使いかたなど）についてはどれも同じになります。

02 | 01 | 段組み型／逆L字型（2コラム）>>2コラムA（フローズン）

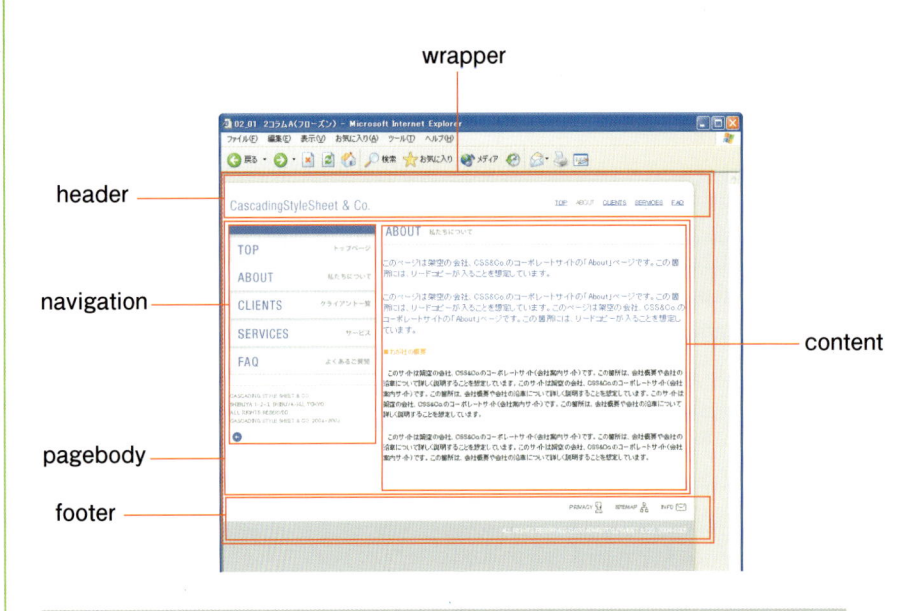

- wrapper
- header
- navigation
- pagebody
- footer
- content

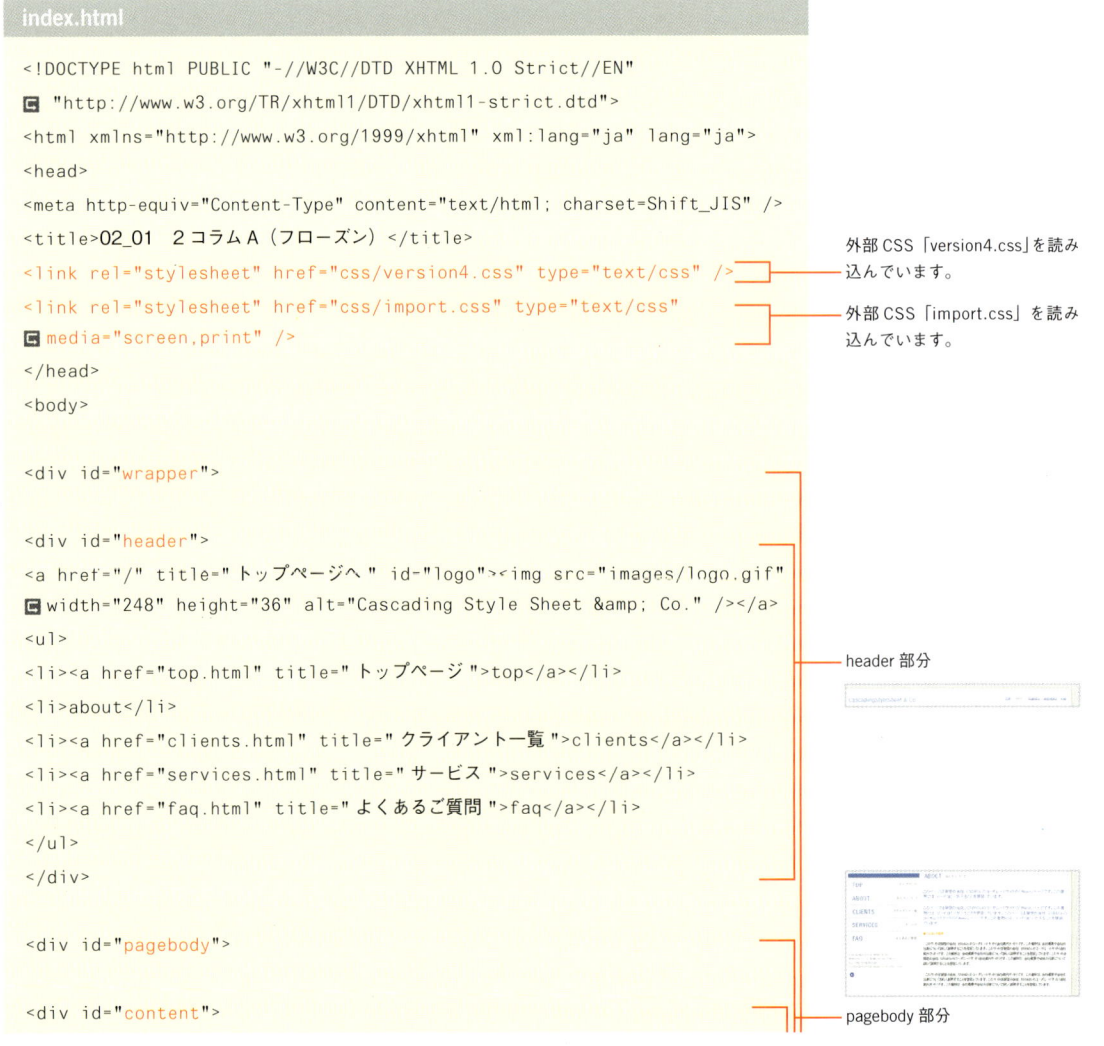

index.html

```html
<!DOCTYPE html PUBLIC "-//W3C//DTD XHTML 1.0 Strict//EN"
 "http://www.w3.org/TR/xhtml1/DTD/xhtml1-strict.dtd">
<html xmlns="http://www.w3.org/1999/xhtml" xml:lang="ja" lang="ja">
<head>
<meta http-equiv="Content-Type" content="text/html; charset=Shift_JIS" />
<title>02_01　2コラムA（フローズン）</title>
<link rel="stylesheet" href="css/version4.css" type="text/css" />
<link rel="stylesheet" href="css/import.css" type="text/css"
 media="screen,print" />
</head>
<body>

<div id="wrapper">

<div id="header">
<a href="/" title="トップページへ " id="logo"><img src="images/logo.gif"
 width="248" height="36" alt="Cascading Style Sheet &amp; Co." /></a>
<ul>
<li><a href="top.html" title="トップページ ">top</a></li>
<li>about</li>
<li><a href="clients.html" title=" クライアント一覧">clients</a></li>
<li><a href="services.html" title=" サービス">services</a></li>
<li><a href="faq.html" title="よくあるご質問">faq</a></li>
</ul>
</div>

<div id="pagebody">

<div id="content">
```

外部CSS「version4.css」を読み込んでいます。

外部CSS「import.css」を読み込んでいます。

header 部分

pagebody 部分

046

02 | 01 段組み型／逆L字型（2コラム）>>2コラムA（フローズン）

```html
<h1><img src="images/about.gif" width="147" height="18" alt="私たちに
について" /></h1>
<div class="lead">
<p>
このページは架空の会社、CSS&amp;Co. のコーポレートサイトの「About」ページです。
この箇所には、リードコピーが入ることを想定しています。
</p>
<p>
このページは架空の会社、CSS&amp;Co. のコーポレートサイトの「About」ページです。
この箇所には、リードコピーが入ることを想定しています。
このページは架空の会社、CSS&amp;Co. のコーポレートサイトの「About」ページです。
この箇所には、リードコピーが入ることを想定しています。
</p>
</div>
<h2>■わが社の概要 </h2>
<p>
　このサイトは架空の会社、CSS&amp;Co. のコーポレートサイト（会社案内サイト）です。
この箇所は、会社概要や会社の沿革について詳しく説明することを想定しています。このサ
イトは架空の会社、CSS&amp;Co. のコーポレートサイト(会社案内サイト)です。この箇所は、
会社概要や会社の沿革について詳しく説明することを想定しています。このサイトは架空の
会社、CSS&amp;Co. のコーポレートサイト（会社案内サイト）です。この箇所は、会社概
要や会社の沿革について詳しく説明することを想定しています。
</p>
<p>
　このサイトは架空の会社、CSS&amp;Co. のコーポレートサイト（会社案内サイト）です。
この箇所は、会社概要や会社の沿革について詳しく説明することを想定しています。このサ
イトは架空の会社、CSS&amp;Co. のコーポレートサイト(会社案内サイト)です。この箇所は、
会社概要や会社の沿革について詳しく説明することを想定しています。
</p>
</div>

<div id="navigation">
<ul>
<li id="top"><a href="top.html">トップページ </a></li>
<li id="about"> 私たちについて </li>
<li id="clients"><a href="clients.html">クライアント一覧 </a></li>
<li id="services"><a href="services.html"> サービス </a></li>
<li id="faq"><a href="faq.html"> よくあるご質問 </a></li>
</ul>
<address>
Cascading Style Sheet &amp; Co.<br />
Shibuya 1-2-3, Shibuya-ku, Tokyo<br />
All rights reserved<br />
Cascading Style Sheet &amp; Co. 2004-2005
</address>
<div>
<a href="/"><img src="images/arrow.gif" width="15" height="15" alt="
戻る " /></a>
```

content 部分

navigation 部分

02　01　段組み型／逆L字型（2コラム）>>2コラムA（フローズン）

```html
    </div>
  </div>

</div>      <!-- pagebody 終了 -->

<div id="footer">
<ul>
<li id="privacy"><a href="privacy.html" title=" プライバシーポリシー ">privacy</a></li>
<li id="sitemap"><a href="sitemap.html" title=" サイトマップ ">sitemap</a></li>
<li id="info"><a href="info.html" title=" お問い合わせ ">info</a></li>
</ul>
<p>
All rights reserved CascadingStyleSheet &amp; Co. 2004-2005
</p>
</div>

</div>      <!-- wrapper 終了 -->

</body>
</html>
```

footer 部分

version4.css

```css
@charset "Shift_JIS";
body {
  color: #000000;
  background: #ffffff;
}
a img {
  border: none;
  color: #ffffff;
  background: transparent;
}
h2 {
    font-size: medium;
}
```

Netscape Navigator 4.x と Internet Explorer 4.0 向けの指定です。ページ全体の文字色と背景色を設定し、リンクした画像の周りに表示される枠線を消しています。本サンプルでは、h1 要素の内容は画像になっているのですが、それに対して h2 要素のフォントサイズが大きすぎるので、ここで調整しています。

02 | 01 段組み型／逆L字型（2コラム）>>2コラムA（フローズン）

import.css

```css
@charset "Shift_JIS";

@import "base.css";

@media tty {
 i{content:"¥";/*" "*/}} @import 'ie5win.css'; /*";}
}/* */
```

通常の方法で「base.css」を読み込んだ後にInternet Explorer 5.0と5.5だけが読み込む裏ワザを使って「ie5win.css」を読み込んでいます。こうしておくことで、Internet Explorer 5.0と5.5で問題が発生した場合には、「ie5win.css」内で必要な値を上書きして修正できます。

base.css

```css
@charset "Shift_JIS";

/* 全体構造
-------------------------------------------------- */
body {
  margin: 0;
  padding: 0;
  color: #333333;
  background: #e5e5dd url(../images/back.jpg) repeat-y;
}
#wrapper {
  width: 777px;
  color: #333333;
  background: url(../images/back-body.jpg) repeat-y;
}

/* リンク
-------------------------------------------------- */
a:link {
  color: #3366ff;
  background: transparent;
}
a:visited {
  color: #800080;
  background: transparent;
}
a:hover, a:active {
  color: #ff9933;
  background: transparent;
}

/* ヘッダ
-------------------------------------------------- */
#header {
  padding-top: 40px;
```

body要素のマージンとパディングを「0」に設定し、背景画像を指定しています。ウィンドウを縦方向に長くした場合に、フッタより下の部分の色が途中で変わってしまうことのないようにbody要素にはフッタ部分の背景として表示させる画像を指定しています。

wrapperには幅を指定し、コンテンツ部分の背景とする背景画像を指定しています。

ページ全体のリンクの色を設定しています。

02 | 01 段組み型／逆L字型（2コラム）>> 2コラムA（フローズン）

```
    height: 40px;
    color: #999999;
    background: url(../images/back-header.jpg) no-repeat;
}
#header #logo {
    position: absolute;
    top: 31px;
}
#header ul {
    margin: 0;
    padding: 0;
    width: 737px;
    list-style: none;
    text-align: right;
    font-size: x-small;
    line-height: 1.0;
}
#header li {
    display: inline;
    padding-left: 1em;
    text-transform: uppercase;
    vertical-align: top;
}

/* ページ本体
-------------------------------------------------- */
#pagebody {
    width: 732px;
    padding-left: 10px;
}

/* コンテンツ
-------------------------------------------------- */
#content {
    float: right;
    width: 484px;
    padding-bottom: 3em;
    border-bottom: 1px solid #cccccc;
}
#content h1 {
    margin: 0;
    padding-bottom: 11px;
    border-bottom:1px solid #cccccc;
    font-size: small;
}
#content h1 img {
```

ヘッダ部分には、以下の背景画像を繰り返さずに表示させています。

ロゴ画像は絶対配置で左上に配置しています。ヘッダ右部分のナビゲーションは、リストをdisplayプロパティでインラインに変換し、それを右揃えで表示させています。

ページ本体部分の幅と左の余白を設定します。

右の段であるcontentに幅を設定し、「float:right;」で右に寄せて表示させます。

h1要素の内容は「ABOUT 私たちについて」という見出しの画像です。小さめのフォントサイズを指定しておかないと、ブラウザによっては画像の周りに隙間ができる場合があります。

02 | 01 段組み型／逆L字型（2コラム）>>2コラムA（フローズン）

```
    vertical-align: bottom;
}
#content h2 {
    margin: 2em 0 0;
    font-size: x-small;
    font-weight: normal;
    color: #ff9900;
    background: transparent;
}
#content p {
    font-size: x-small;
    line-height: 1.6;
}
#content .lead p {
    font-size: small;
    line-height: 1.3;
    color: #3366ff;
    background: transparent;
}
#content h2+p {
    margin-top: 0.3em;
}

/* ナビゲーション
---------------------------------------------- */

#navigation {
    float: left;
    width: 236px;
    border-top: 13px solid #3366ff;
}
#navigation ul {
    margin: 0 0 1em;
    padding: 0;
    border-top: 1px solid #cccccc;
    border-bottom: 1px solid #cccccc;
    list-style: none;
}
#navigation li {
    margin: 0;
    padding: 0;
    width: 236px;
    height: 43px;
    text-indent: -9999px;
}
#navigation li a {
    text-decoration: none;   /* ■Firefoxなどで線が表示されないようにする */
```

- インライン要素である画像の下に隙間ができないように、「vertical-align: bottom;」を指定します。

- 見出しと段落に含まれるテキストの色やサイズ、行間、太さ、余白を設定しています。

- 「■わが社の概要」という見出し（h2要素）の直後のp要素の上マージンを「0.3em」に設定しています。Internet Explorerはセレクタ内で使う"+"には対応していませんが、他の新しいブラウザではh2要素とp要素の間隔が狭くなります。

- 左の段であるnavigationに幅を設定し、「float: left;」で左に寄せて表示させます。

- ナビゲーション内のul要素は「list-style:none;」でマーカーを消し、各項目のテキストは負のインデントで表示されないようにしています。そして、各項目に含まれるa要素をブロックレベルに変換して幅と高さを指定し、そこに背景として画像を表示させる準備をします。a要素に「text-decoration: none;」を指定しているのは、Firefoxなどの Mozilla系ブラウザで余分な線が表示されるバグを回避するためです。

02 | 01 | 段組み型／逆L字型（2コラム）>>2コラムA（フローズン）

```css
    display: block;
    width: 236px;
    height: 43px;
}
#navigation li#top      {
    background: url(../images/nav.gif) no-repeat 0 0;
}
#navigation li#about    {
    background: url(../images/nav.gif) no-repeat -236px -43px;
}
#navigation li#clients  {
    background: url(../images/nav.gif) no-repeat 0 -86px;
}
#navigation li#services {
    background: url(../images/nav.gif) no-repeat 0 -129px;
}
#navigation li#faq      {
    background: url(../images/nav.gif) no-repeat 0 -172px;
}
#navigation li#top a:hover      {
    background: url(../images/nav.gif) no-repeat -236px 0px;
}
#navigation li#clients a:hover  {
    background: url(../images/nav.gif) no-repeat -236px -86px;
}
#navigation li#services a:hover {
    background: url(../images/nav.gif) no-repeat -236px -129px;
}
#navigation li#faq a:hover      {
    background: url(../images/nav.gif) no-repeat -236px -172px;
}

#navigation address {
    margin: 0;
    padding: 1em 0 0 1px;
    border-top: 1px solid #cccccc;
    font-style: normal;
    font-size: xx-small;
    text-transform: uppercase;
    line-height: 1.5;
    color: #999999;
    background: transparent;
}
#navigation div {
    margin: 0.7em 0 0 5px;
}
```

各li要素に背景画像を指定しています。どのli要素にも同じ画像（nav.gif）を指定していますが、それぞれ表示位置をずらして必要な部分だけを表示させる仕組みになっています。ホバー時の画像としても同じ画像を使っています。

XHTML上でアルファベットをすべて大文字にしてしまうと、音声ブラウザなどの環境で正しく読み上げられなくなる可能性があります。そのため、ナビゲーション下のテキストは、CSSのtext-transformプロパティを使って大文字に変換して表示させています。

段組み型／逆L字型（2コラム）>>2コラムA（フローズン）

```css
/* フッタ
---------------------------------------------------- */
#footer {
  clear: both;
}
#footer ul {
  margin: 0;
  padding: 15px 0;
  width: 742px;
  list-style: none;
  text-align: right;
  font-size: xx-small;
}
#footer li {
  display: inline;
  padding-left: 1.7em;
  text-transform: uppercase;
}
#footer li a {
  padding: 11px 0;
  vertical-align: middle;
  text-decoration: none;
}
#footer li#privacy a {
  padding-right: 18px;
  color: #666666;
  background: url(../images/privacy.gif) right no-repeat;
}
#footer li#sitemap a {
  padding-right: 19px;
  color: #666666;
  background: url(../images/sitemap.gif) right no-repeat;
}
#footer li#info a {
  padding-right: 22px;
  color: #666666;
  background: url(../images/info.gif) right no-repeat;
}
#footer p {
  margin: 0;
  padding: 1em 35px 1em 0;
  width: 742px;
  text-align: right;
  text-transform: uppercase;AAA
  font-size: x-small;
  color: #ffffff;
```

左右の段の float をクリアします。

ページ下の PRIVACY、SITE MAP、INFO という部分は、XHTML では ul 要素としてタグ付けされています。ここでは ul 要素のマーカーを消し、li 要素をインラインに変換して右寄せで表示させています。この後に指定する背景画像との縦位置を揃えるために、「vertical-align: middle;」も指定しています。

各 li 要素の右側に必要な幅のパディングを確保し、そこに以下のような背景画像を表示させています。

ページ最下部のコピーライト表記は、text-align プロパティで右寄せにされています。この部分の背景には、body 要素に指定されている背景画像と同じ「back.gif」が指定されています。

053

02 | 01 | 段組み型／逆L字型（2コラム）>>2コラムA（フローズン）

```
    background: url(../images/back.jpg) repeat-y;
}
```

ie5win.css

```css
@charset "Shift_JIS";

/* ヘッダ
--------------------------------------------------- */
#header {
    height: 80px;
}

/* ページ本体
--------------------------------------------------- */
#pagebody {
    width: 742px;
}

/* フッタ
--------------------------------------------------- */
#footer p {
    width: 777px;
}
```

Internet Explorer 5.x では、width プロパティと height プロパティにはパディングも含めた値を指定する必要があります。そのため、必要な値をここで上書き指定しています。

02 | 01 段組み型／逆L字型（2コラム）>>2コラムA（フローズン）

応用編

文字サイズの可変ボタン

カスタマイズのポイント

・JavaScriptを利用して、文字サイズの可変ボタンを作ってみる

| 02 | 01 | 段組み型／逆 L 字型（2 コラム）>>2 コラム A（フローズン） |

#1　文字サイズの可変ボタンの作成

CSS による文字周りの指定

　CSS ではレイアウトのみならず、フォントのサイズ、フォントファミリー、ウェイト、行揃え、文字間隔、単語の間隔など、文字周りの指定をすることができます。CSS のプロパティでは、かなり細かい部分まで制御可能となっています。

　しかし、実際の制作の現場では、現状でブラウザごとのバグや、レンダリング（表示）の差異がありすぎるため、フォントのサイズ、行間幅、＋α程度の記述にとどめる場合が多いようです。本書のサンプルもその例にしたがっています。

　フォントのサイズについては、このサンプルでは、相対値（フォントサイズキーワード）で指定してあります。したがって、ユーザーがその環境に応じて、ブラウザ側でサイズを変更して閲覧することができます。フォントのサイズは、もちろん"ピクセル数"などの絶対値での指定もできますが、一般的にユーザビリティの観点から、相対値（フォントサイズキーワード）で指定し、可変にしておくことが望ましいとされています。

　最近では、ブラウザ操作に不慣れなユーザーを考慮して、ページ内部に文字サイズの可変ボタンを用意しているサイトもしばしば見かけます。この応用編では、この"文字サイズの可変ボタン"を作ってみることにしましょう。

> **POINT**
>
> **デザインスキンの入れ替え**
> 今回のカスタマイズ例では、文字周りの指定を切り換える方法について説明していますが、同様にしてレイアウトデザインを丸ごと入れ換えることもできます。コンテンツそのものは変えずに、ワンクリックでページのデザインを変えることができるのです。
> やや手間はかかりますが、ユーザーが自分の好みに合わせてデザインスキンを選べるようなコンテンツなどに適しています。

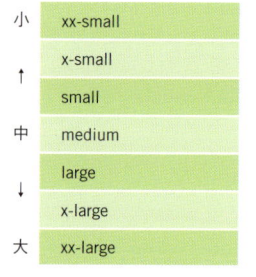

小	xx-small
↑	x-small
	small
中	medium
	large
↓	x-large
大	xx-large

フォントサイズキーワード
フォントサイズキーワードは、次の 7 段階で指定できます。

文字サイズの可変ボタンを設置したサイトの例（読売新聞社サイト）
マスコミ関係や行政サイトなど、公共性とアクセシビリティの求められるサイトでは、可変ボタンがしばしば用いられています。

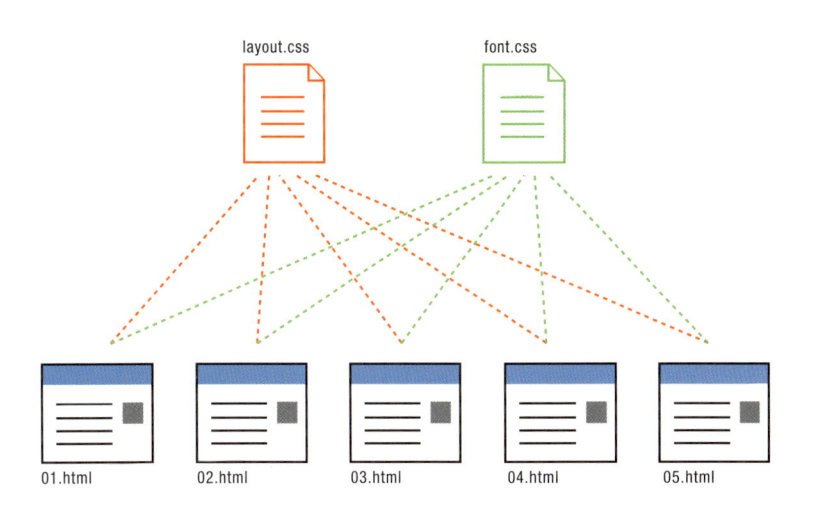

02　01　段組み型／逆L字型（2コラム）>>2コラムA（フローズン）

レイアウトのCSSと文字まわりの指定をまとめたCSSを分離する例
このサンプルでは、レイアウトと文字まわりの設定を一枚のCSSファイルにまとめていますが、レイアウトと文字まわりの指定を別々のファイルにしておくこともできます。文字まわりの指定を一括して書き換えたりすることができるので、便利です。ただ、レイアウトと文字の指定を完全に分離して記述することはむずかしいので、かえって手間が増えてしまうかもしれません。

CSSファイルを2枚用意する

"フォントサイズを切り換える"ということは、代替スタイルシート（Alternate StyleSheet）を用意しておいて切り換えるということになります。サンプルの「base.css」ファイルをもとに、新しいCSSファイルを2枚作っておきましょう。

「base.css」をDreamweaverで開き、次にソース画面で、フォントサイズの指定箇所（font-sizeの記述のある箇所）を変更し、名前を変えて［新規保存］する、という流れになります。

名称は任意のものでかまいません。今回は「base_small.css」および「base_big.css」という名前にしました。なお、新規に作成されたCSSファイルは、「css」フォルダの中、つまり「base.css」と同じ階層に置きます。

なお、今回の文字サイズの可変ボタンでは、使いやすさに配慮し、ヘッダやフッタまわりのフォントサイズは変えずに、メインコンテンツ（本文）部分のみを変更できるようにしました。もしヘッダやフッタまわりも変えたいという場合は、CSSの該当箇所を同様に書き換えてください。

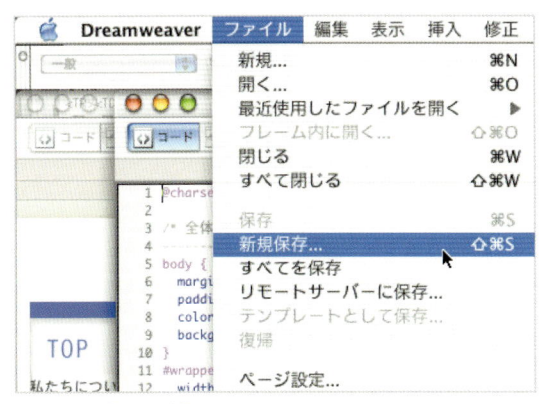

ファイルを［新規保存］する
もとになるファイルに手を加え、別名のファイルとして保存し直します。

057

02 | 01 段組み型／逆L字型（2コラム）>>2コラムA（フローズン）

base_small.css

```css
/* コンテンツ
-------------------------------------------------- */
#content {
  float: right;
  width: 484px;
  padding-bottom: 3em;
  border-bottom: 1px solid #cccccc;
}
#content h1 {
  margin: 0;
  padding-bottom: 11px;
  border-bottom:1px solid #cccccc;
  font-size: x-small;
}
#content h1 img {
  vertical-align: bottom;
}
#content h2 {
  margin: 2em 0 0;
  font-size: xx-small;
  font-weight: normal;
  color: #ff9900;
  background: transparent;
}
#content p {
  font-size: xx-small;
  line-height: 1.6;
}
#content .lead p {
  font-size: x-small;
  line-height: 1.3;
  color: #3366ff;
  background: transparent;
}
#content h2+p {
  margin-top: 0.3em;
}
```

赤字の箇所を書き換え、「base_small.css」という名前で保存し直す

02　01　段組み型／逆L字型（2コラム）>>2コラムA（フローズン）

base_big.css

```css
/* コンテンツ
-------------------------------------------------- */
#content {
  float: right;
  width: 484px;
  padding-bottom: 3em;
  border-bottom: 1px solid #cccccc;
}
#content h1 {
  margin: 0;
  padding-bottom: 11px;
  border-bottom:1px solid #cccccc;
  font-size: big;
}
#content h1 img {
  vertical-align: bottom;
}
#content h2 {
  margin: 2em 0 0;
  font-size: small;
  font-weight: normal;
  color: #ff9900;
  background: transparent;
}
#content p {
  font-size: small;
  line-height: 1.6;
}
#content .lead p {
  font-size: big;
  line-height: 1.3;
  color: #3366ff;
  background: transparent;
}
#content h2+p {
  margin-top: 0.3em;
}
```

赤字の箇所を書き換え「base_big.css」という名前で保存し直す

02 | 01 | 段組み型／逆L字型（2コラム）>>2コラムA（フローズン）

文字サイズの可変ボタンの作成

　では実際に、ボタンを設置してみましょう。

　まずは、ボタンの画像を用意します。Photoshopなどで、好きな画像を作ります。この作例ではタテヨコ11pxの正方形のボタンを作りました。

　次に、CSSファイルにこのボタンを設置するボックス要素の記述をします。

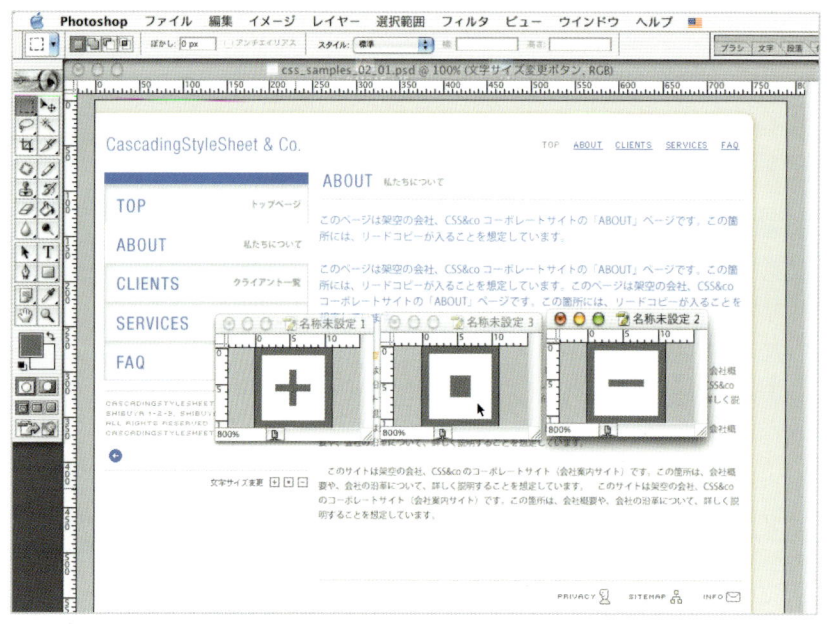

文字サイズ可変ボタンをPhotoshopで作る
「fontsize_plus.gif」、「fontsize_medium.gif」、「fontsize_minus.gif」
という名称のgifファイルを作ります。

02 | 01 段組み型／逆L字型（2コラム）>>2コラムA（フローズン）

CSS、HTMLへの記述

まずはCSSの記述ですが、ナビゲーション部分に文字サイズの可変ボタンを配置するために、p要素のスタイルを指定します。フォントサイズとカラー、また、上端に罫線を引くためにborder-topプロパティを記述し、罫線の下の間隔を取るためにパディングを指定しています。

base.css

```
/* ナビゲーション
---------------------------------------------------- */

～中略～

#navigation address {
  margin: 0;
  padding: 1em 0 0 1px;
  border-top: 1px solid #cccccc;
  font-style: normal;
  font-size: xx-small;
  text-transform: uppercase;
  line-height: 1.5;
  color: #999999;
  background: transparent;
}
#navigation div {
  margin: 0.7em 0 0 5px;
}
#navigation p {
  padding: 1em 0 0 1px;
  text-align: right;
  font-size: xx-small;
  line-height: 1.5;
  color: #333333;
  border-top: 1px solid #cccccc;
}
```

文字サイズの可変ボタンを置くためのp要素を記述する

02 | 01 | 段組み型／逆L字型（2コラム）>>2コラムA（フローズン）

　次に、HTMLの記述です。まずhead要素内に代替スタイルシートへのリンクを追加し、続いて、HTMLのナビゲーション部分のdiv要素内に、文字サイズ変更ボタンのp要素を書き加えます。ボタン画像は、間隔を取るために（ソースとしてはあまりきれいではないですが）、区切りなしスペースを使っています。

POINT

区切りなしスペース

「 」とHTML中に記述することで、スペースを空けたいときなどに使用されます。「   」のように連続して使用することもできます。

これはもともと、ひとつながりの文言がスペースを入れることで予期せぬ改行してしまうのを避けるための記述ですが、簡単に小さなスペースを入れたいときなどに便利なので、コーディング時によく使われるテクニックです。ただ、本来の仕様に沿ったマークアップという意味からすると、やや裏ワザ的なコーディングだといえます。

index.html

```
<!DOCTYPE html PUBLIC "-//W3C//DTD XHTML 1.0 Strict//EN"
 "http://www.w3.org/TR/xhtml1/DTD/xhtml1-strict.dtd">
<html xmlns="http://www.w3.org/1999/xhtml" xml:lang="ja" lang="ja">
<head>
<meta http-equiv="Content-Type" content="text/html; charset=Shift_JIS" />
<title>02_01　2コラムA（フローズン）</title>

<link rel="stylesheet" href="css/version4.css" type="text/css" />
<link rel="stylesheet" href="css/import.css" type="text/css"
 media="screen,print" />

<link rel="alternate stylesheet" href="css/base_small.css"
 title="small" type="text/css" />
<link rel="alternate stylesheet" href="css/base.css" title="medium"
 type="text/css" />
<link rel="alternate stylesheet" href="css/base_big.css" title="big"
 type="text/css" />

</head>

～中略～

<div id="navigation">
<ul>
<li id="top"><a href="top.html">トップページ</a></li>
<li id="about">私たちについて</li>
<li id="clients"><a href="clients.html">クライアント一覧</a></li>
<li id="services"><a href="services.html">サービス</a></li>
<li id="faq"><a href="faq.html">よくあるご質問</a></li>
</ul>
<address>
Cascading Style Sheet &amp; Co.<br />
Shibuya 1-2-3, Shibuya-ku, Tokyo<br />
All rights reserved<br />
Cascading Style Sheet &amp; Co. 2004-2005
</address>
<div>
<a href="/"><img src="images/arrow.gif" width="15" height="15" alt="戻る" /></a>
<p>
```

02 | 01　段組み型／逆L字型（2コラム）>> 2コラムA（フローズン）

```
文字サイズを変更する  
<img src="images/fontsize_plus.gif" width="11" height="11" border="0"
 alt="フォントサイズを大きくする " />
 
<img src="images/fontsize_medium.gif" width="11" height="11"
border="0" alt="フォントサイズをもとにもどす " />
 
<img src="images/fontsize_minus.gif" width="11" height="11"
border="0"  alt="フォントサイズを小さくする " />
</p>
</div>
</div>

～後略～
```

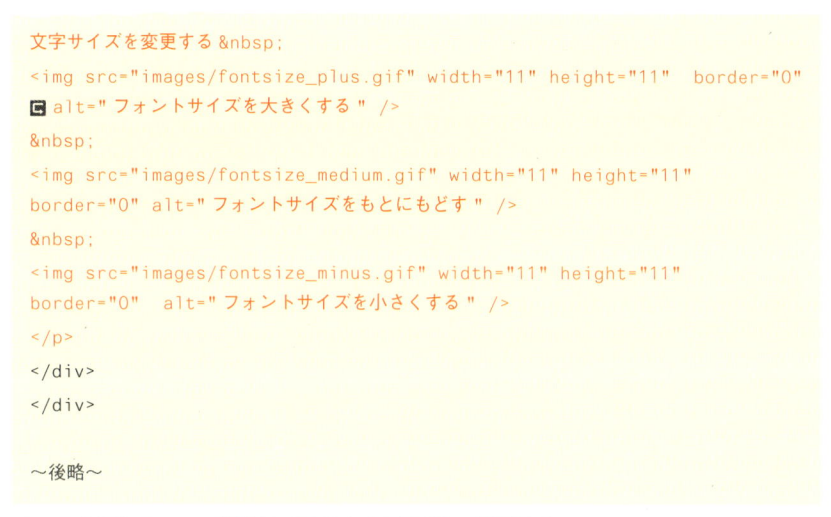

HTMLのナビゲーションdiv要素内に文字サイズの可変ボタンを記述する

JavaScriptで文字サイズを変更する

　最後に、設置したボタンにCSSを変更するJavaScriptの設定をしましょう。JavaScriptを一から書くとなると大変ですが、今回は、海外の有名なデザインコミュニティである、A List Apartで配付されている「styleswitcher」というスクリプトを使用します。

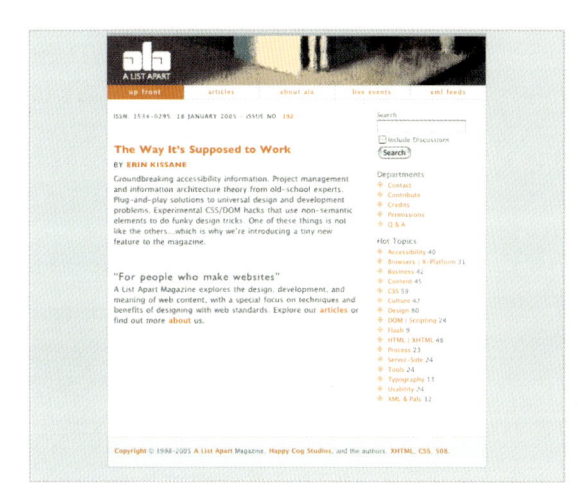

A List Apart
(http://www.alistapart.com)
Jeffrey Zeldman氏が主催する、デザインポータル／コミュニティ。Web標準化を目指すデザイナーのための貴重な情報源。

TERM

JavaScript
Netscape社が開発した、Webページに動的な変化をもたらすための簡単なプログラミング言語。一般に「DHTML（ダイナミックHTML）」と俗称されるものの多くは、このJavaScriptを使った仕掛けのことです。ちなみに、しばしば、本格的なプログラミング言語である"Java"と"JavaScript"が混同されることがありますが、この2つは本質的には関係がありません。Netscape社がJavaScriptをリリースする際にJavaが流行していたので、似たような名前を付けた、と言われています。

POINT

styleswitcher
styleswitcherは、Paul Sowden氏（http://idontsmoke.co.uk/）の著作物なので、付属CD-ROMには収録していませんが、下記のURLから無料でダウンロード可能です。
http://www.alistapart.com/articles/alternate/

02 | 01　段組み型／逆L字型（2コラム）>>2コラムA（フローズン）

JavaScript 外部ファイルを用意する

　ソースをダウンロードしたら「styleswitcher.js」という名前で保存し、「index.html」と同じ階層に置いてください。JavaScript は HTML ファイルの内部にも記述できますが、今回は外部ファイルとして利用します。「index.html」の head 要素内で、読み込むべき JavaScript ファイル名を指定します。さきほど、代替スタイルシートへのリンクを記述した箇所のすぐ下に、script 要素を書き加えてください。

```
index.html

<!DOCTYPE html PUBLIC "-//W3C//DTD XHTML 1.0 Strict//EN"
 "http://www.w3.org/TR/xhtml1/DTD/xhtml1-strict.dtd">
<html xmlns="http://www.w3.org/1999/xhtml" xml:lang="ja" lang="ja">
<head>
<meta http-equiv="Content-Type" content="text/html; charset=Shift_JIS" />
<title>02_01　2コラムA（フローズン）</title>

<link rel="stylesheet" href="css/version4.css" type="text/css" />
<link rel="stylesheet" href="css/import.css" type="text/css"
 media="screen,print" />

<link rel="alternate stylesheet" href="css/base_small.css"
 title="small" type="text/css" />
<link rel="alternate stylesheet" href="css/base.css" title="medium"
 type="text/css" />
<link rel="alternate stylesheet" href="css/base_big.css" title="big"
 type="text/css" />

<script src="styleswitcher.js"></script>
<noscript> このページでは、JavaScript を使用しています </noscript>

</head>
```

head 要素内で、読み込むべき「.js」ファイルを指定する
noscript 要素も念のため書き加えておきます。

POINT

JavaScript を記述する場所

通常、HTML ファイルの内部に JavaScript を書く場合は、script 要素に記述します。ページ数の少ないサイトの場合ならば、これでもよいでしょう。しかし、CSS 同様、外部ファイルに一括してまとめておくこともできます。こうしておけば、サイト全体でスクリプトを共有できるので、のちのちバグハックをしたり、変更が生じた際に、なにかと便利です。
JavaScript ファイルを外部に置く場合は、本文中でも説明しているように、任意の「.js」ファイルを用意したあと、HTML ファイル内で、その「.js」ファイルを指定します。
このとき記述する場所は、head 要素内でも body 要素内でもかまいませんが、どちらかというと、head 要素内にまとめて記述するほうが（のちのち修正するときなどに）分かりやすいと思われます。

CAUTION

noscript 要素

JavaScript を使用する場合は、忘れずに noscript 要素も付け加えておきましょう。これは、JavaScript を無効にしていたり、JavaScript に対応していない古いブラウザを使っているユーザーに対して、メッセージを表示するために使用します。

02 | 01 段組み型／逆L字型（2コラム）>>2コラムA（フローズン）

ボタンに JavaScript アクションを記述する

　ではいよいよ、文字サイズの変更ボタンに、JavaScript アクションを付加します。なお、このアクションは、空リンクを利用し、onClick イベント（ボタンをクリックしたときにアクションが起こるようにする）時に発生するように記述してあります。
　これで完成です。

index.html

```
<div id="navigation">
～中略～
<div>
～中略～
<p>
文字サイズを変更する  
<a href="#" onclick="setActiveStyleSheet('big'); return false;"><img src="images/fontsize_plus.gif" width="11" height="11" border="0" alt=" フォントサイズを大きくする " /></a>
 
<a href="#" onclick="setActiveStyleSheet('medium'); return false;"><img src="images/fontsize_medium.gif" width="11" height="11" border="0" alt=" フォントサイズをもとにもどす " /></a>
 
<a href="#" onclick="setActiveStyleSheet('small'); return false;"><img src="images/fontsize_minus.gif" width="11" height="11" border="0" alt=" フォントサイズを小さくする " /></a>
</p>

</div>
</div>
```

HTMLのナビゲーションdiv要素内に文字サイズの可変ボタンを記述する

02 | 02 2コラムB（リキッド）

段組み型／逆L字型（2コラム）

基本編

ブラウザウィンドウの幅に追従し伸縮可能な、2コラム型レイアウト

用途
・サイドにメニューを配したコンテンツ
・2コラム型の典型的なレイアウトのページ（リキッドタイプ）

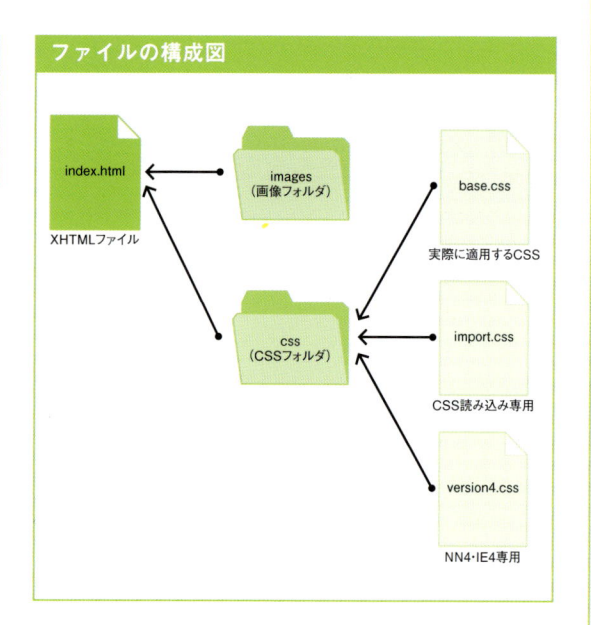

ファイルの構成図

- index.html（XHTMLファイル）
- images（画像フォルダ）
- css（CSSフォルダ）
- base.css — 実際に適用するCSS
- import.css — CSS読み込み専用
- version4.css — NN4・IE4専用

066

02 | 02　段組み型／逆L字型（2コラム）>>2コラムB（リキッド）

レイアウトとデザイン

　02_02は、ナビゲーション部分とコンテンツで構成された、2コラム型のレイアウトです。02_01と違うのは、このレイアウトがブラウザウィンドウの幅に応じて可変する"リキッドレイアウト"だという点です。

　ユーザーが各々の環境に応じて、適切なサイズでサイトを閲覧することができるので、ユーザビリティ／アクセシビリティも高くなるといえます。02_01で紹介した"文字サイズの可変ボタン"を組み合わせてみるのもよいでしょう。

　リキッドレイアウトのデメリットとしては、どうしても"ユルい"レイアウトになりがちな傾向にある、という点が挙げられるでしょう。もちろん「見た目ばかりがデザインではない」というのも、正論です。しかし、第一印象でサイトの魅力を伝えることもまた、デザインの重要な役割なのです。

　そこで、応用編では、少しだけCSSに手を加えて、見映えのするレイアウトを実現するために工夫してみます。

サンプルCSSの概要

　このサンプルは、左の段の幅だけを固定し、右側の段はウィンドウの幅に合わせて伸縮するリキッドレイアウトになっています。XHTML上では、固定する左の段（ナビゲーション）、右の段（メインコンテンツ）の順になっていて、左の段にだけ「float: left;」を指定しています。そのままでは、右の段の内容が左のナビゲーションの下にも表示されてしまうため、右の段にはナビゲーションの幅とほぼ同じだけの左マージンを設定しています。

　この方法の難点は、幅を固定する側の段がXHTML上で先になければならないことです。つまり、このサンプルでは左サイドのナビゲーションの後に、右のメインコンテンツが配置されることになります。もし、幅を固定する側の段の内容が多く、音声ブラウザではなかなか本文が読み上げられないような状況が予想されるのであれば、ページの先頭に本文へジャンプするリンクを用意する必要があるかもしれません。

　また、XHTML上で本文よりもナビゲーションが先にあるということは、このサンプルではページ右上のリンクのあとに、左のナビゲーションが続くことになります。しかし、それでは音声ブラウザでは同じ内容が続けて2回読み上げられることになってしまいます。それを避けるために、このサンプルのXHTMLではページ右上のリンクを本文の後に配置して、それを絶対配置で右上に表示させています。

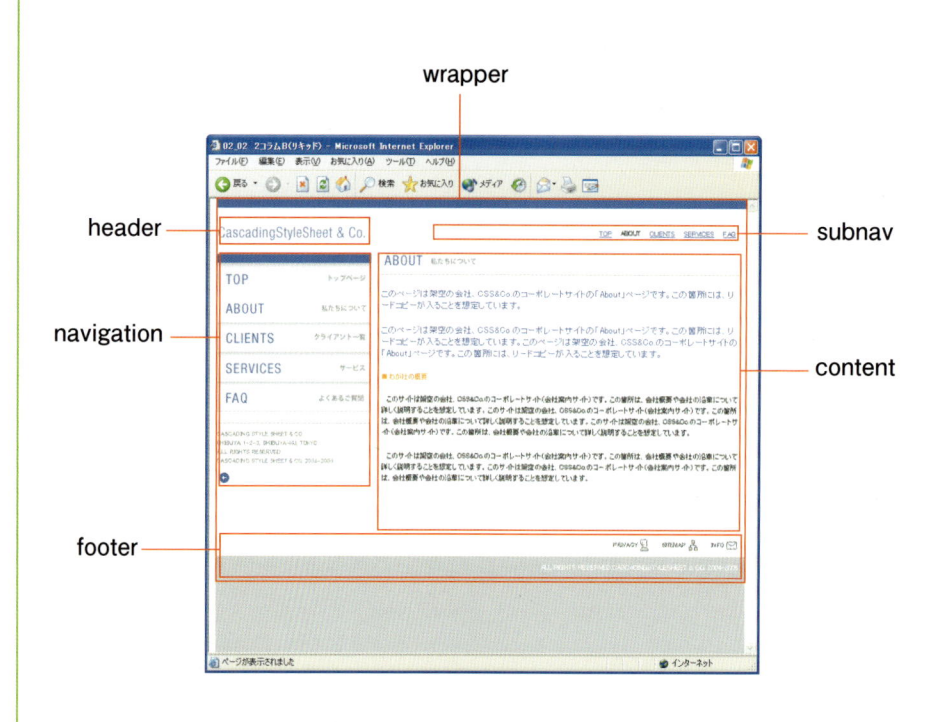

| 02 | 02 | 段組み型／逆L字型（2コラム）>>2コラムB（リキッド） |

- wrapper
- header
- navigation
- footer
- subnav
- content

index.html

```
<!DOCTYPE html PUBLIC "-//W3C//DTD XHTML 1.0 Strict//EN"
 "http://www.w3.org/TR/xhtml1/DTD/xhtml1-strict.dtd">
<html xmlns="http://www.w3.org/1999/xhtml" xml:lang="ja" lang="ja">
<head>
<meta http-equiv="Content-Type" content="text/html; charset=Shift_JIS" />
<title>02_02　2コラムB（リキッド）</title>
<link rel="stylesheet" href="css/version4.css" type="text/css" />
<link rel="stylesheet" href="css/import.css" type="text/css"
 media="screen,print" />
</head>
<body>

<div id="wrapper">

<div id="header">
<a href="/" title="トップページへ " id="logo"><img src="images/logo.gif"
 width="248" height="36" alt="Cascading Style Sheet &amp; Co." /></a>
</div>

<div id="navigation">
<ul>
<li id="top"><a href="top.html">トップページ </a></li>
<li id="about">私たちについて </li>
<li id="clients"><a href="clients.html">クライアント一覧 </a></li>
<li id="services"><a href="services.html">サービス </a></li>
```

外部CSS「version4.css」を読み込んでいます。

外部CSS「import.css」を読み込んでいます。

header部分

navigation部分

068

02 | 02 | 段組み型／逆L字型（2コラム）>> 2コラムB（リキッド）

```
<li id="faq"><a href="faq.html">よくあるご質問 </a></li>
</ul>
<address>
Cascading Style Sheet &amp; Co.<br />
Shibuya 1-2-3, Shibuya-ku, Tokyo<br />
All rights reserved<br />
Cascading Style Sheet &amp; Co. 2004-2005
</address>
<div>
<a href="/"><img src="images/arrow.gif" width="15" height="15" alt="戻
る" /></a>
</div>
</div>


<div id="content">
<h1><img src="images/about.gif" width="147" height="18" alt="私たちにつ
いて " /></h1>
<div class="lead">
<p>
このページは架空の会社、CSS&amp;Co.のコーポレートサイトの「About」ページです。
この箇所には、リードコピーが入ることを想定しています。
</p>
<p>
このページは架空の会社、CSS&amp;Co.のコーポレートサイトの「About」ページです。
この箇所には、リードコピーが入ることを想定しています。
このページは架空の会社、CSS&amp;Co.のコーポレートサイトの「About」ページです。
この箇所には、リードコピーが入ることを想定しています。
</p>
</div>
<h2>■わが社の概要 </h2>
<p>
　このサイトは架空の会社、CSS&amp;Co.のコーポレートサイト（会社案内サイト）です。
この箇所は、会社概要や会社の沿革について詳しく説明することを想定しています。このサイ
トは架空の会社、CSS&amp;Co.のコーポレートサイト（会社案内サイト）です。この箇所は、
会社概要や会社の沿革について詳しく説明することを想定しています。このサイトは架空の会
社、CSS&amp;Co.のコーポレートサイト（会社案内サイト）です。この箇所は、会社概要や
会社の沿革について詳しく説明することを想定しています。
</p>
<p>
　このサイトは架空の会社、CSS&amp;Co.のコーポレートサイト（会社案内サイト）です。
この箇所は、会社概要や会社の沿革について詳しく説明することを想定しています。このサイ
トは架空の会社、CSS&amp;Co.のコーポレートサイト（会社案内サイト）です。この箇所は、
会社概要や会社の沿革について詳しく説明することを想定しています。
</p>
</div>


<ul id="subnav">
<li><a href="top.html" title=" トップページ ">top</a></li>
```

content 部分

subnav 部分

02 02 段組み型／逆L字型（2コラム）>>2コラムB（リキッド）

```html
<li>about</li>
<li><a href="clients.html" title=" クライアント一覧 ">clients</a></li>
<li><a href="services.html" title=" サービス ">services</a></li>
<li><a href="faq.html" title=" よくあるご質問 ">faq</a></li>
</ul>

<div id="footer">
<ul>
<li id="privacy"><a href="privacy.html" title=" プライバシーポリシー ">privacy</a></li>
<li id="sitemap"><a href="sitemap.html" title=" サイトマップ ">sitemap</a></li>
<li id="info"><a href="info.html" title=" お問い合わせ ">info</a></li>
</ul>
<p>
All rights reserved CascadingStyleSheet &amp; Co. 2004-2005
</p>
</div>

</div>     <!-- wrapper 終了 -->

</body>
</html>
```

footer 部分

version4.css

```css
@charset "Shift_JIS";

body {
  color: #000000;
  background: #ffffff;
}
a img {
  border: none;
  color: #ffffff;
  background: transparent;
}
h2 {
  font-size: medium;
}
```

Netscape Navigator 4.x と Internet Explorer 4.0 向けの指定です。ページ全体の文字色と背景色を設定し、リンクした画像の周りに表示される枠線を消しています。このサンプルでは、h1 要素の内容は画像になっていますが、それに対して h2 要素のフォントサイズが大きすぎるので、ここで調整しています。

import.css

```css
@import "base.css";
```

「@import url(base.css);」形式で読み込んでいないため、Internet Explorer 4.0 は「base.css」を読み込みません。

02 | 02 | 段組み型／逆L字型（2コラム）>>2コラムB（リキッド）

base.css

```css
@charset "Shift_JIS";

/* 全体構造
-------------------------------------------------- */
body {
  margin: 0;
  padding: 0 0 0 10px;
  color: #333333;
  background: #cccccc url(../images/bodyleft.gif) repeat-y;
}
#wrapper {
  width: 100%;
  border-top: 13px solid #3366ff;
  color: #333333;
  background: #ffffff;
}

/* リンク
-------------------------------------------------- */
a:link {
  color: #3366ff;
  background: transparent;
}
a:visited {
  color: #800080;
  background: transparent;
}
a:hover, a:active {
  color: #ff9933;
  background: transparent;
}

/* ヘッダ
-------------------------------------------------- */
#header #logo {
  position: absolute;
  top: 31px;
  left: 0;
}

/* ナビゲーション
-------------------------------------------------- */
#navigation {
  float: left;
  width: 236px;
```

body要素の背景色としてフッタ部分と同じグレーを指定しています。左側には「10px」のパディングを確保し、その部分に白い背景画像を縦に繰り返して表示させています。

wrapperには幅として「100%」を指定し、上に青いボーダーを表示させます。背景色は白に設定します。

ページ全体のリンクの色を設定しています。

ページ左上のロゴ画像を内容として持つa要素を絶対配置しています。

左の段であるnavigationに幅を設定し、「float: left;」で左に寄せて表示させます。

02 | 02 | 段組み型／逆L字型（2コラム）>>2コラムB（リキッド）

```css
    margin-top: 67px;
    border-top: 13px solid #3366ff;
}
#navigation ul {
    margin: 0 0 1em;
    padding: 0;
    border-top: 1px solid #cccccc;
    border-bottom: 1px solid #cccccc;
    list-style: none;
}
#navigation li {
    margin: 0;
    padding: 0;
    width: 236px;
    height: 43px;
    text-indent: -9999px;
}
#navigation li a {
    text-decoration: none;
        /* ■Firefoxなどで線が表示されないようにする */
    display: block;
    width: 236px;
    height: 43px;
}
#navigation li#top       {
    background: url(../images/nav.gif) no-repeat 0 0;
}
#navigation li#about     {
    background: url(../images/nav.gif) no-repeat -236px -43px;
}
#navigation li#clients   {
    background: url(../images/nav.gif) no-repeat 0 -86px;
}
#navigation li#services {
    background: url(../images/nav.gif) no-repeat 0 -129px;
}
#navigation li#faq       {
    background: url(../images/nav.gif) no-repeat 0 -172px;
}
#navigation li#top a:hover    {
    background: url(../images/nav.gif) no-repeat -236px 0px;
}
#navigation li#clients a:hover {
    background: url(../images/nav.gif) no-repeat -236px -86px;
}
#navigation li#services a:hover {
```

ナビゲーション内のul要素は「list-style: none;」でマーカーを消し、各項目のテキストは負のインデントで表示されないようにしています。そして、各項目に含まれるa要素をブロックレベルに変換して幅と高さを指定し、そこに背景として画像を表示させる準備をします。a要素に「text-decoration: none;」を指定しているのは、FirefoxなどのMozilla系ブラウザで余分な線が表示されるバグを回避するためです。

各li要素に背景画像を指定しています。どのli要素にも同じ画像（nav.gif）を指定していますが、それぞれ表示位置をずらして必要な部分だけを表示させる仕組みになっています。ホバー時の画像としても同じ画像を使っています。

| 02 | 02 | 段組み型／逆L字型（2コラム）>>2コラムB（リキッド） |

```
    background: url(../images/nav.gif) no-repeat -236px -129px;
}
#navigation li#faq a:hover      {
    background: url(../images/nav.gif) no-repeat -236px -172px;
}

#navigation address {
    margin: 0;
    padding: 1em 0 0 1px;
    border-top: 1px solid #cccccc;
    font-style: normal;
    font-size: xx-small;
    text-transform: uppercase;
    line-height: 1.5;
    color: #999999;
    background: transparent;
}
#navigation div {
    margin: 0.7em 0 0 5px;
}

/* コンテンツ
------------------------------------------------- */
#content {
    margin: 67px 10px 0 248px;
    padding-bottom: 3em;
    border-bottom: 1px solid #cccccc;
}
#content h1 {
    margin: 0;
    padding-bottom: 11px;
    border-bottom:1px solid #cccccc;
    font-size: small;
}
#content h1 img {
    vertical-align: bottom;
}
#content h2 {
    margin: 2em 0 0;
    font-size: x-small;
    font-weight: normal;
    color: #ff9900;
    background: transparent;
}
#content p {
    font-size: x-small;
```

XHTML上でアルファベットをすべて大文字にしてしまうと、音声ブラウザなどの環境で正しく読み上げられなくなる可能性があります。そのため、ナビゲーション下のテキストは、CSSのtext-transformプロパティを使って大文字に変換して表示させています。

「float: left;」が指定されたナビゲーション分の幅を、contentの左マージンとして指定しています。こうすることでcontentの内容がナビゲーションの下に表示されることを防ぎます。

h1要素の内容は「ABOUT 私たちについて」という見出しの画像です。小さめのフォントサイズを指定しておかないと、ブラウザによっては画像の周りに隙間ができる場合があります。

インライン要素である画像の下に隙間ができないように、「vertical-align: bottom;」を指定します。

見出しと段落に含まれるテキストの色やサイズ、行間、太さ、余白を設定しています。

073

02 | 02 | 段組み型／逆L字型（2コラム）>>2コラムB（リキッド）

```css
    line-height: 1.6;
}
#content .lead p {
    font-size: small;
    line-height: 1.3;
    color: #3366ff;
    background: transparent;
}
#content h2+p {
    margin-top: 0.3em;
}

/* サブ・ナビゲーション
-------------------------------------------------- */
ul#subnav {
    position: absolute;
    top: 42px;
    right: 15px;
    margin: 0;
    padding: 0 0 0 250px;
            /* ■ロゴと重ならないための余白を確保 */
    list-style: none;
    text-align: right;
    font-size: x-small;
    line-height: 1.5;
}
ul#subnav li {
    display: inline;
    padding-left: 1em;
    text-transform: uppercase;
    vertical-align: top;
}

/* フッタ
-------------------------------------------------- */
#footer {
    clear: both;
}
#footer ul {
    margin: 0;
    padding: 10px 10px;
    list-style: none;
    text-align: right;
    font-size: xx-small;
}
#footer li {
```

「■わが社の概要」という見出し（h2要素）の直後のp要素の上マージンを「0.3em」に設定しています。Internet Explorerはセレクタ内で使う"+"には対応していませんが、他の新しいブラウザではh2要素とp要素の間隔が狭くなります。

ページ右上にあるサブナビゲーションは、XHTML上ではフッタの直前にあります。ここでは、それを絶対配置でページ右上に配置しています。ウィンドウの幅を極端に狭くした時に、ロゴと重なることのないように左のパディングを広めにとってあります。この部分はリストとしてタグ付けされていますが、li要素はインラインに変換されて右寄せで表示されています。

左の段（ナビゲーション）のfloatをクリアします。

02 | 02 段組み型／逆L字型（2コラム）>> 2コラムB（リキッド）

```css
    display: inline;
    padding-left: 1.7em;
    text-transform: uppercase;
}
#footer li a {
    padding: 10px 0;
    vertical-align: middle;
    text-decoration: none;
}
#footer li#privacy a {
    padding-right: 18px;
    color: #666666;
    background: url(../images/privacy.gif) right no-repeat;
}
#footer li#sitemap a {
    padding-right: 19px;
    color: #666666;
    background: url(../images/sitemap.gif) right no-repeat;
}
#footer li#info a {
    padding-right: 22px;
    color: #666666;
    background: url(../images/info.gif) right no-repeat;
}
#footer p {
    margin: 0;
    padding: 1em 10px;
    text-align: right;
    text-transform: uppercase;
    font-size: x-small;
    color: #ffffff;
    background: #cccccc;
}
```

ページ下のPRIVACY、SITEMAP、INFOという部分は、XHTMLではul要素としてタグ付けされています。ここではul要素のマーカーを消し、li要素をインラインに変換して右寄せで表示させています。この後に指定する背景画像との縦位置を揃えるために、「vertical-align: middle;」も指定しています。

各li要素の右側に必要な幅のパディングを確保し、そこに以下のような背景画像を表示させています。

ページ最下部のコピーライト表記は、text-alignプロパティで右寄せにされています。この部分の背景には、body要素に指定されているのと同じグレーが指定されています。

| 02 | 02 | 段組み型／逆 L 字型（2 コラム）>>2 コラム B（リキッド）|

応用編　リキッドレイアウトに対応した タイトル画像の使用法

カスタマイズのポイント

- やや"ユルい"印象になりがちなリキッドレイアウトに画像を組み合わせてメリハリを持たせてみる

#1　タイトル画像の入れかたを工夫する

リキッドレイアウトのデメリット

　リキッドレイアウトは、ユーザーの環境を選ばないという意味で便利であり、ユーザビリティ／アクセシビリティの両面からも推奨されるレイアウトです。

| 02 | 02 | 段組み型／逆L字型（2コラム）>>2コラムB（リキッド） |

とはいえ、ややもするとルーズで間の抜けたレイアウトになりがちであることもまた事実です。そのため、実際のWebサイト制作の現場では、ページごとに適宜画像を組み合わせたり、段組みを変えたりして、メリハリを持たせる工夫も必要となってくることでしょう。

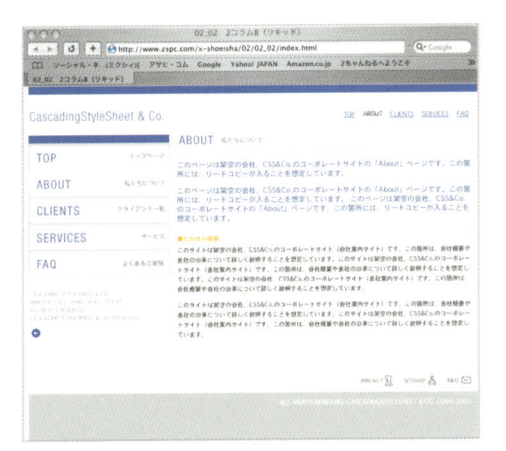

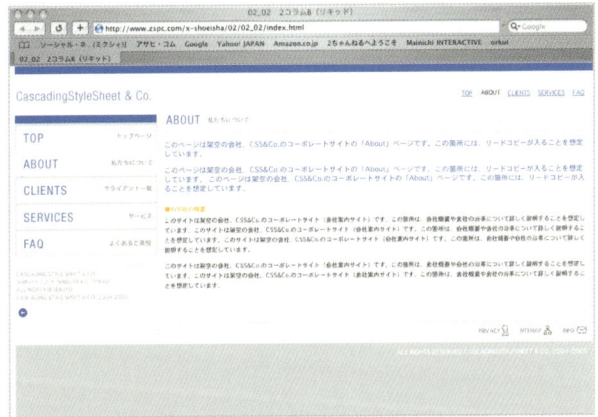

ウィンドウ幅に追従するリキッドレイアウト
リキッドレイアウトはたしかに便利なものですが、横幅が広すぎる場合など、やはり間が抜けた印象の見た目になってしまいます。

レイアウトの上段部分に入れる画像の例
今回のカスタム例では、W742×H112サイズの画像を使います。

ボックスの背景色

今回のカスタム例では、大きめのタイトル画像を組み合わせることで、デザインのブラッシュアップを行います。といっても、ただ単に一定の大きさの画像を配置するだけでは、やはりウィンドウサイズを変えたときに余白が出ることに変わりはありません。

そこで、タイトル画像を配置するボックスの背景色を、画像の色に合わせ、そのボックスをリキッド（可変）になるように指定することにします。次の図で示すように、ボックスが広がったとしても、そのぶん背景色が見えるようになるので、不自然な余白が出ません。現状使われている、どのようなサイズのモニタで閲覧しても、ほぼ対応できます。

TERM

ボックス
HTML／CSSにおいて、各要素は一種の四角いカタチの領域を形成することになるので、その四角い領域を、慣用的に「ボックス」と呼んでいます。また、Webページがこうしたボックスの組み合わせによって構成される、という考え方は「ボックスモデル」と呼ばれます。

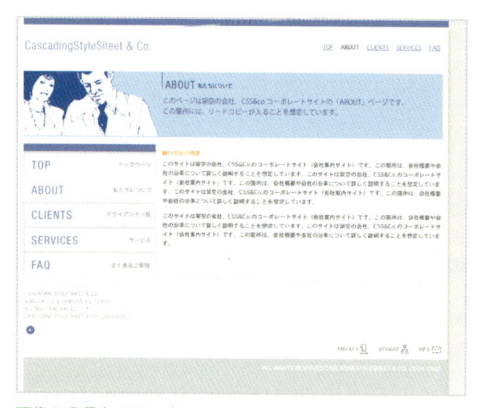

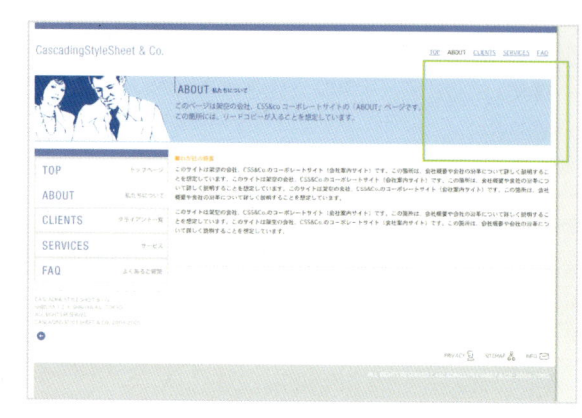

02 | 02 | 段組み型／逆L字型（2コラム）>>2コラムB（リキッド）

画像と背景色を組み合わせる
ボックスが広がったとしても、そのぶん背景色が見えるようになります。

CSSへの記述

まずは、タイトル画像を入れるボックスを作るために、pagetitleというクラスのスタイルを定義します。そのボックスの中に、画像をh1要素として入れ込みたいので、h1要素のスタイルも定義してください。また、pagetitleの背景色は、画像の色に合わせ、「#99ccff」と指定します。

なお、その下に配置されるcontentの上方向へのマージンも下記のように修正します。

base.css

```
～前略～

/* ページタイトル
------------------------------------------------- */
#pagetitle  {
  margin: 80px 10px 0 0;
  background-color:#99ccff;
}

#pagetitle h1 {
  margin: 0;
  padding: 0;
  border-style:none;
  font-size: xx-small;
}

～中略～

/* コンテンツ
------------------------------------------------- */
#content {
  margin: 10px 10px 0 248px;
```

POINT
h1要素
h1、h2、h3…などは、HTML文書内において"見出し"を記述するための要素です。h1要素は、主にそのファイル内でもっとも重要な"見出し"を記述するために使われます。したがって、一枚のHTML文書の中で、何度もh1タグを濫用することはあまり好ましいことではありません。ちなみに、h1タグを濫用すると、Googleのページランキングも下がると言われています。

POINT
マージンの一括指定
マージンを一括指定する場合、上、右、下、左、の順で各方向のマージンを記述します。また値が「0」の場合、単位を記述する必要はありません。ちなみに、値をひとつしか記入しない（#pagetitle h1のように）場合は、上下左右とも同じ値になります。

段組み型／逆L字型（2コラム）>>2コラムB（リキッド）

```
    padding-bottom: 3em;
    border-bottom: 1px solid #cccccc;
}
```

～後略～

pagetitleというクラスと、h1要素のスタイルを定義する。また、contentの上方向へのマージンを変更する

HTMLへの記述

最後にHTMLにdiv要素「pagetitle」を記述しましょう。画像はh1要素としてマークアップします。これで完成です。

index.html

```
～前略～

<div id="wrapper">

<div id="header">
<a href="/" title="トップページへ " id="logo"><img src="images/logo.gif" width="248" height="36" alt="Cascading Style Sheet &amp; Co." /></a>
</div>

<div id="pagetitle">
<h1><img src="images/top_custom.gif" alt=" 私たちについて " /></h1>
</div>

～後略～
```

pagetitleというボックスの中にh1要素を配置する

CHAPTER 03

段組み型／逆L字型
（3コラム）

CONTENTS

03_01　3コラムA（フローズン）
　　　基本編：サイドにメニューを配し、メイン部分が2分割されたレイアウト
　　　応用編：メインコンテンツを3段組にする

03_02　3コラムB（リキッド）
　　　基本編：サイドにメニューを配し、メイン部分が2分割されたレイアウト（リキッド）
　　　応用編：フローズンとリキッドの組み合わせを考える

| 03 | 01 | 段組み型／逆L字型（3コラム）
3コラムA（フローズン）

基本編　サイドにメニューを配し、メイン部分が2分割されたレイアウト（フローズン）

用途

- 比較的汎用性の高い3コラムレイアウト（フローズン）
- 文字量が多いコンテンツ

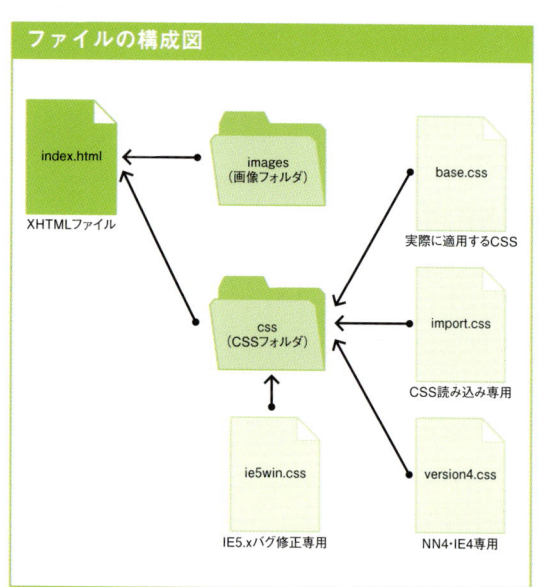

ファイルの構成図

- **index.html** （XHTMLファイル）
- **images** （画像フォルダ）
- **css** （CSSフォルダ）
- **base.css** — 実際に適用するCSS
- **import.css** — CSS読み込み専用
- **ie5win.css** — IE5.xバグ修正専用
- **version4.css** — NN4・IE4専用

03 | 01　段組み型／逆 L 字型（3 コラム）>>3 コラム A（フローズン）

レイアウトとデザイン

　このサンプルと次の 03_02 では、比較的汎用性の高い 3 コラム型のレイアウトについて説明します。ボディ部分が 3 段に分割されたサイトは、とりわけ海外のサイトなどで見かけることの多いものです。国内のサイトにおいては、日本語がアルファベットに比べ小さな文字サイズの視認性にやや劣るという特殊事情があるので、3 コラムよりは（文字スペースに余裕のある）2 コラムのほうが一般的に使用される傾向があります。

　とはいえ、たとえば、左サイドにナビゲーション、中央にメインコンテンツ、右サイドに注釈欄をもうけるなど、組み合わせの応用例はいろいろ考えられるので、工夫次第によっては、使い勝手のよいテンプレートとなるでしょう。

　本サンプルの CSS では、左サイドにナビゲーション、メインのコンテンツを 2 段組にしたレイアウトになっています。後半の応用編では、ナビゲーションをヘッダ部分のみとし、メインコンテンツをテキストの 3 段組みにカスタマイズしてみます。

サンプル CSS の概要

　固定幅の 3 段組は、02_01 と同じパターンで実現することができます。02_01 では幅を固定した div 要素の中で、一方には「float: left;」、もう一方には「float: right;」を指定しました。これと同じ方法で 3 段組にしたい場合には、隣り合う 2 つの段を div 要素でグループ化し、ひとつの段と考えます。そして、グループ化した 2 つの段の中では、同様に一方に「float: left;」、もう一方に「float: right;」を指定すればよいのです。このように、複数の段をグループ化して入れ子構造にすることで、何段組にでも応用できます。何段組の場合でも、この方法のメリットである「XHTML 上でのコンテンツの順序にかかわらず CSS で自由に各段を配置できる」という点は基本的には変わりません。

　02_01 から 03_02 のサンプルでは、ページ右上と右下のリンクがすべて大文字の英語になっています。このような部分を、XHTML の段階ですべて大文字で入力してしまうと、音声ブラウザの種類によっては正しく読み上げられなくなります。そのため、XHTML では小文字で入力しておき、CSS の text-transform プロパティを使って大文字で表示させています。

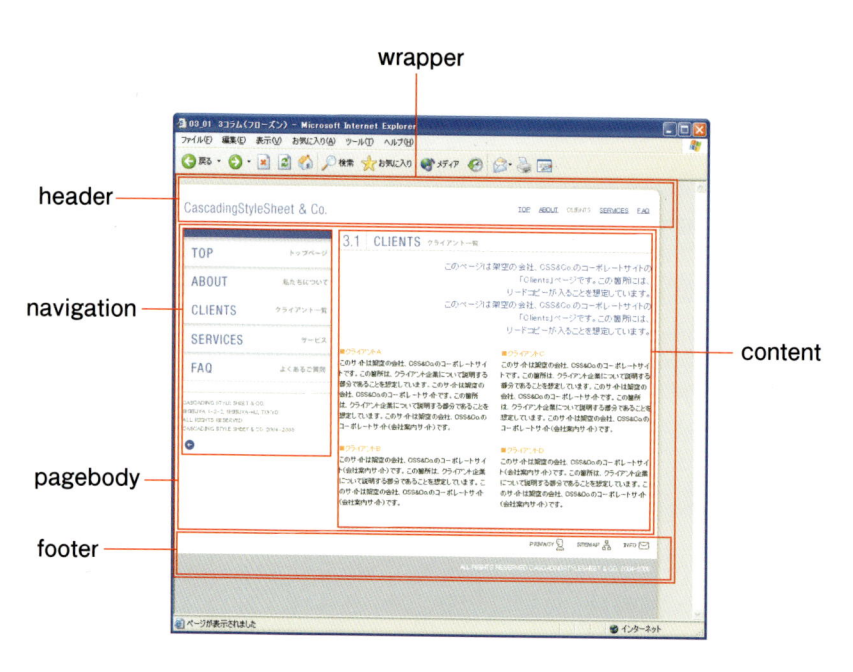

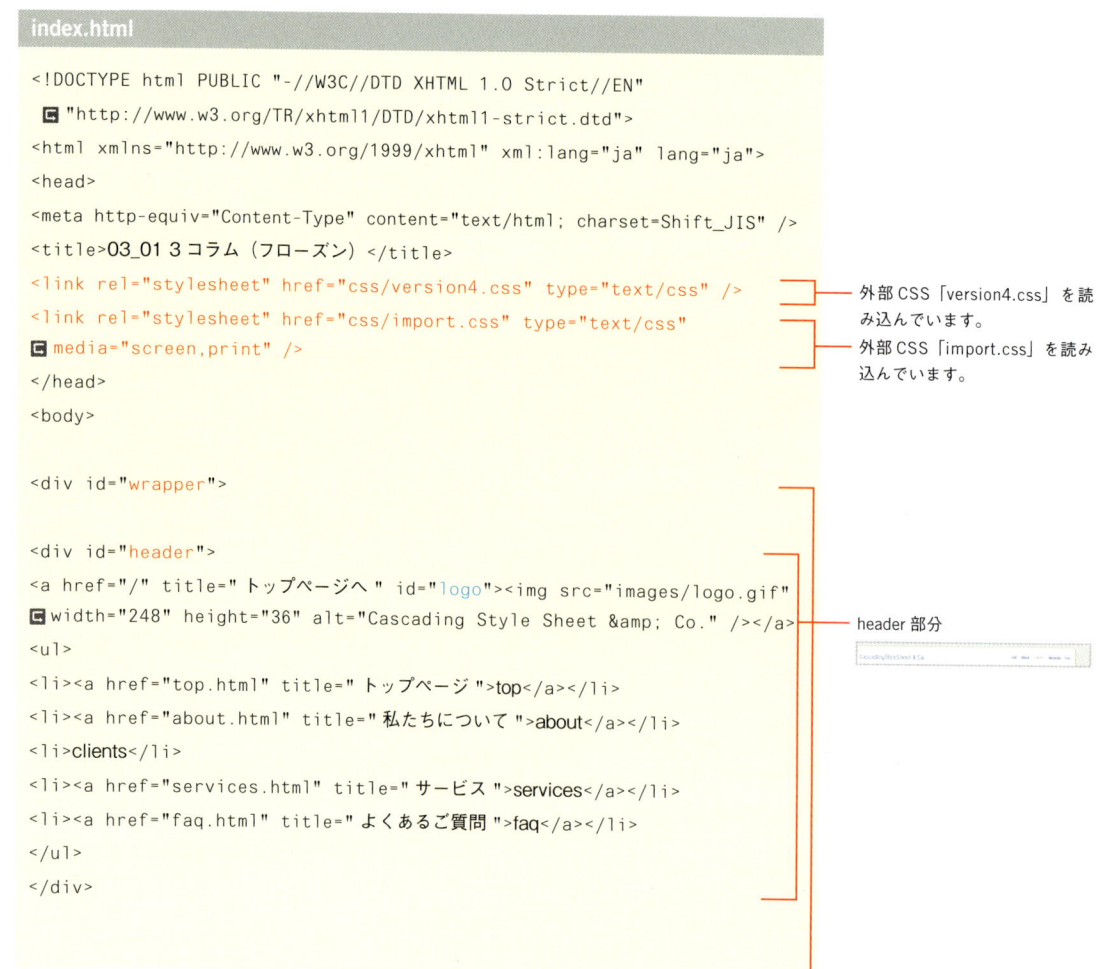

03 | 01 | 段組み型／逆L字型（3コラム）>>3コラムA（フローズン）

wrapper
header
navigation
pagebody
footer
content

index.html

```html
<!DOCTYPE html PUBLIC "-//W3C//DTD XHTML 1.0 Strict//EN"
 "http://www.w3.org/TR/xhtml1/DTD/xhtml1-strict.dtd">
<html xmlns="http://www.w3.org/1999/xhtml" xml:lang="ja" lang="ja">
<head>
<meta http-equiv="Content-Type" content="text/html; charset=Shift_JIS" />
<title>03_01 3コラム（フローズン）</title>
<link rel="stylesheet" href="css/version4.css" type="text/css" />
<link rel="stylesheet" href="css/import.css" type="text/css"
 media="screen,print" />
</head>
<body>

<div id="wrapper">

<div id="header">
<a href="/" title="トップページへ " id="logo"><img src="images/logo.gif"
 width="248" height="36" alt="Cascading Style Sheet &amp; Co." /></a>
<ul>
<li><a href="top.html" title="トップページ ">top</a></li>
<li><a href="about.html" title="私たちについて ">about</a></li>
<li>clients</li>
<li><a href="services.html" title="サービス ">services</a></li>
<li><a href="faq.html" title="よくあるご質問 ">faq</a></li>
</ul>
</div>
```

— 外部CSS「version4.css」を読み込んでいます。
— 外部CSS「import.css」を読み込んでいます。
— header部分

03 | 01 段組み型／逆L字型（3コラム）>> 3コラムA（フローズン）

```html
<div id="pagebody">

<div id="content">
<h1><img src="images/clients.gif" width="220" height="29" alt="3.1 ク
ライアント一覧" /></h1>
<div class="lead">
<p>
このページは架空の会社、CSS&amp;Co. のコーポレートサイトの<br />
「Clients」ページです。この箇所には、<br />
リードコピーが入ることを想定しています。
</p>
<p>
このページは架空の会社、CSS&amp;Co. のコーポレートサイトの<br />
「Clients」ページです。この箇所には、<br />
リードコピーが入ることを想定しています。
</p>
</div>
<div id="clients1">
<h2>■クライアントA</h2>
<p>
このサイトは架空の会社、CSS&amp;Co. のコーポレートサイトです。この箇所は、クライ
アント企業について説明する部分であることを想定しています。このサイトは架空の会社、
CSS&amp;Co. のコーポレートサイトです。この箇所は、クライアント企業について説明す
る部分であることを想定しています。このサイトは架空の会社、CSS&amp;Co. のコーポレ
ートサイト（会社案内サイト）です。
</p>
<h2>■クライアントB</h2>
<p>
このサイトは架空の会社、CSS&amp;Co. のコーポレートサイト（会社案内サイト）です。
この箇所は、クライアント企業について説明する部分であることを想定しています。このサ
イトは架空の会社、CSS&amp;Co. のコーポレートサイト（会社案内サイト）です。
</p>
</div>
<div id="clients2">
<h2>■クライアントC</h2>
<p>
このサイトは架空の会社、CSS&amp;Co. のコーポレートサイトです。この箇所は、クライ
アント企業について説明する部分であることを想定しています。このサイトは架空の会社、
CSS&amp;Co. のコーポレートサイトです。この箇所は、クライアント企業について説明す
る部分であることを想定しています。このサイトは架空の会社、CSS&amp;Co. のコーポレ
ートサイト（会社案内サイト）です。
</p>
<h2>■クライアントD</h2>
<p>
このサイトは架空の会社、CSS&amp;Co. のコーポレートサイト（会社案内サイト）です。
この箇所は、クライアント企業について説明する部分であることを想定しています。このサ
イトは架空の会社、CSS&amp;Co. のコーポレートサイト（会社案内サイト）です。
</p>
```

pagebody 部分

content 部分

03　01　段組み型／逆L字型（3コラム）>>3コラムA（フローズン）

```html
</div>
</div>

<div id="navigation">
<ul>
<li id="top"><a href="top.html">トップページ</a></li>
<li id="about"><a href="about.html">私たちについて</a></li>
<li id="clients">クライアント一覧</li>
<li id="services"><a href="services.html">サービス</a></li>
<li id="faq"><a href="faq.html">よくあるご質問</a></li>
</ul>
<address>
Cascading Style Sheet &amp; Co.<br />
Shibuya 1-2-3, Shibuya-ku, Tokyo<br />
All rights reserved<br />
Cascading Style Sheet &amp; Co. 2004-2005
</address>
<div>
<a href="/"><img src="images/arrow.gif" width="15" height="15" alt="戻る " /></a>
</div>
</div>

</div>    <!-- pagebody 終了 -->

<div id="footer">
<ul>
<li id="privacy"><a href="privacy.html" title=" プライバシーポリシー ">privacy</a></li>
<li id="sitemap"><a href="sitemap.html" title=" サイトマップ ">sitemap</a></li>
<li id="info"><a href="info.html" title=" お問い合わせ ">info</a></li>
</ul>
<p>
All rights reserved CascadingStyleSheet &amp; Co. 2004-2005
</p>
</div>

</div>    <!-- wrapper 終了 -->

</body>
</html>
```

navigation 部分

footer 部分

03　01　段組み型／逆L字型（3コラム）>>3コラムA（フローズン）

version4.css

```css
@charset "Shift_JIS";

body {
  color: #000000;
  background: #ffffff;
}
a img {
  border: none;
  color: #ffffff;
  background: transparent;
}
h2 {
  font-size: medium;
}
```

Netscape Navigator 4.x と Internet Explorer 4.0 向けの指定です。ページ全体の文字色と背景色を設定し、リンクした画像の周りに表示される枠線を消しています。このサンプルでは、h1 要素の内容は画像になっているのですが、それに対して h2 要素のフォントサイズが大きすぎるので、ここで調整しています。

import.css

```css
@charset "Shift_JIS";

@import "base.css";

@media tty {
 i{content:"¥";/*" "*/}} @import 'ie5win.css'; /*";}
}/* */
```

通常の方法で「base.css」を読み込んだ後に Internet Explorer 5.0 と 5.5 だけが読み込む裏ワザを使って「ie5win.css」を読み込んでいます。こうしておくことで、Internet Explorer 5.0 と 5.5 で問題が発生した場合には、「ie5win.css」内で必要な値を上書きして修正できます。

base.css

```css
@charset "Shift_JIS";

/* 全体構造
-------------------------------------------------- */
body {
  margin: 0;
  padding: 0;
  color: #333333;
  background: #e5e5dd url(../images/back.jpg) repeat-y;
}
#wrapper {
  width: 777px;
  color: #333333;
  background: url(../images/back-body.jpg) repeat-y;
}
```

body 要素のマージンとパディングを「0」に設定し、背景画像を指定しています。ウィンドウを縦方向に伸ばした場合に、フッタより下の部分の色が途中で変わってしまうことのないように body 要素にはフッタ部分の背景として表示させる画像を指定しています。

wrapper には幅を指定し、コンテンツ部分の背景とする背景画像を指定しています。

087

03 | 01　段組み型／逆L字型（3コラム）>>3コラムA（フローズン）

```css
/* リンク
------------------------------------------------ */
a:link {
    color: #3366ff;
    background: transparent;
}
a:visited {
    color: #800080;
    background: transparent;
}
a:hover, a:active {
    color: #ff9933;
    background: transparent;
}
```

ページ全体のリンクの色を設定しています。

```css
/* ヘッダ
------------------------------------------------ */
#header {
    padding-top: 40px;
    height: 40px;
    color: #999999;
    background: url(../images/back-header.jpg) no-repeat;
}
#header #logo {
    position: absolute;
    top: 31px;
}
#header ul {
    margin: 0;
    padding: 0;
    width: 737px;
    list-style: none;
    text-align: right;
    font-size: x-small;
    line-height: 1.0;
}
#header li {
    display: inline;
    padding-left: 1em;
    text-transform: uppercase;
    vertical-align: top;
}
```

ヘッダ部分には、以下の背景画像を繰り返さずに表示させています。

ロゴ画像は絶対配置で左上に配置しています。ページ右上のテキストリンクは、リストをdisplayプロパティでインラインに変換し、それを右揃えで表示させています。

```css
/* ページ本体
------------------------------------------------ */
#pagebody {
```

03 | 01 段組み型／逆L字型（3コラム）>>3コラムA（フローズン）

```
    width: 732px;
    padding-left: 10px;
}

/* コンテンツ
------------------------------------------------ */
#content {
    float: right;
    width: 484px;
    padding-bottom: 2em;
    border-bottom: 1px solid #cccccc;
}
#content h1 {
    margin: 0 0 1em;
    padding: 0;
    border-bottom: 1px solid #cccccc;
    font-size: small;
}
#content h1 img {
    vertical-align: bottom;
}
#content .lead p {
    margin: 0;
    text-align: right;
    line-height: 1.4;
    font-size: small;
    color: #3366ff;
    background: transparent;
}

#clients1 {
    float: left;
    width: 233px;
}
#clients2 {
    float: right;
    width: 233px;
}
#content h2 {
    margin: 2em 0 0.3em;
    font-size: x-small;
    font-weight: normal;
    color: #ff9900;
    background: transparent;
}
#clients1 p, #clients2 p {
```

- ページ本体部分の幅と左の余白を設定します。

- 右の段である content に幅を設定し、「float:right;」で右に寄せて表示させます。

- h1 要素の内容は「3.1 CLIENTS クライアント一覧」という見出しの画像です。小さめのフォントサイズを指定しておかないと、ブラウザによっては画像の周りに隙間ができる場合があります。

- インライン要素である画像の下に隙間ができないように、「vertical-align: bottom;」を指定します。

- リードコピー部分のテキストを設定しています。

- クライアントAとクライアントBを囲うdiv要素（clients1）には「float: left;」を、クライアントCとクライアントDを囲うdiv要素（clients2）には「float: right;」を指定して、contentの内部をさらに2段に分けています。

- 見出しと段落に含まれるテキストの色やサイズ、行間、太さ、余白を設定しています。

03 01 段組み型／逆Ｌ字型（3コラム）>>3コラムＡ（フローズン）

```css
  margin: 0;
  line-height: 1.6;
  font-size: x-small;
}

/* ナビゲーション
-------------------------------------------------- */
#navigation {
  float: left;
  width: 236px;
  border-top: 13px solid #3366ff;
}
#navigation ul {
  margin: 0 0 1em;
  padding: 0;
  border-top: 1px solid #cccccc;
  border-bottom: 1px solid #cccccc;
  list-style: none;
}
#navigation li {
  margin: 0;
  padding: 0;
  width: 236px;
  height: 43px;
  text-indent: -9999px;
}
#navigation li a {
  text-decoration: none;
      /* ■Firefoxなどで線が表示されないようにする */
  display: block;
  width: 236px;
  height: 43px;
}
#navigation li#top      {
  background: url(../images/nav.gif) no-repeat 0 0;
}
#navigation li#about    {
  background: url(../images/nav.gif) no-repeat 0 -43px;
}
#navigation li#clients  {
  background: url(../images/nav.gif) no-repeat -236px -86px;
}
#navigation li#services {
  background: url(../images/nav.gif) no-repeat 0 -129px;
}
#navigation li#faq      {
```

左の段であるnavigationに幅を設定し、「float: left;」で左に寄せて表示させます。

ナビゲーション内のul要素は「list-style:none;」でマーカーを消し、各項目のテキストは負のインデントで表示されないようにしています。そして、各項目に含まれるa要素をブロックレベルに変換して幅と高さを指定し、そこに背景として画像を表示させる準備をします。a要素に「text-decoration: none;」を指定しているのは、FirefoxなどのMozilla系ブラウザで余分な線が表示されるバグを回避するためです。

各li要素に背景画像を指定しています。どのli要素にも同じ画像（nav.gif）を指定していますが、それぞれ表示位置をずらして必要な部分だけを表示させる仕組みになっています。ホバー時の画像としても同じ画像を使っています。

03 | 01 | 段組み型／逆L字型（3コラム）>>3コラムA（フローズン）

```
    background: url(../images/nav.gif) no-repeat 0 -172px;
}
#navigation li#top a:hover    {
    background: url(../images/nav.gif) no-repeat -236px 0px;
}
#navigation li#about a:hover  {
    background: url(../images/nav.gif) no-repeat -236px -43px;
}
#navigation li#services a:hover {
    background: url(../images/nav.gif) no-repeat -236px -129px;
}
#navigation li#faq a:hover    {
    background: url(../images/nav.gif) no-repeat -236px -172px;
}

#navigation address {
    margin: 0;
    padding: 1em 0 0 1px;
    border-top: 1px solid #cccccc;
    font-style: normal;
    font-size: xx-small;
    text-transform: uppercase;
    line-height: 1.5;
    color: #999999;
    background: transparent;
}
#navigation div {
    margin: 0.7em 0 0 5px;
}

/* フッタ
---------------------------------------------- */
#footer {
    clear: both;
}
#footer ul {
    margin: 0;
    padding: 15px 0;
    width: 742px;
    list-style: none;
    text-align: right;
    font-size: xx-small;
}
#footer li {
    display: inline;
    padding-left: 1.7em;
```

XHTML 上でアルファベットをすべて大文字にしてしまうと、音声ブラウザなどの環境で正しく読み上げられなくなる可能性があります。そのため、ナビゲーション下のテキストは、CSS の text-transform プロパティを使って大文字に変換して表示させています。

左右の段の float をクリアします。

ページ下の PRIVACY、SITE MAP、INFO という部分は、XHTML では ul 要素としてタグ付けされています。ここでは ul 要素のマーカーを消し、li 要素をインラインに変換して右寄せで表示させています。この後に指定する背景画像との縦位置を揃えるために、「vertical-align: middle;」も指定しています。

03 | 01 | 段組み型／逆 L 字型（3 コラム）>>3 コラム A（フローズン）

```css
    text-transform: uppercase;
}
#footer li a {
    padding: 11px 0;
    vertical-align: middle;
    text-decoration: none;
}
#footer li#privacy a {
    padding-right: 18px;
    color: #666666;
    background: url(../images/privacy.gif) right no-repeat;
}
#footer li#sitemap a {
    padding-right: 19px;
    color: #666666;
    background: url(../images/sitemap.gif) right no-repeat;
}
#footer li#info a {
    padding-right: 22px;
    color: #666666;
    background: url(../images/info.gif) right no-repeat;
}
#footer p {
    margin: 0;
    padding: 1em 35px 1em 0;
    width: 742px;
    text-align: right;
    text-transform: uppercase;
    font-size: x-small;
    color: #ffffff;
    background: url(../images/back.jpg) repeat-y;
}
```

各 li 要素の右側に必要な幅のパディングを確保し、そこに以下のような背景画像を表示させています。

ページ最下部のコピーライト表記は、text-align プロパティで右寄せにされています。この部分の背景には、body 要素に指定されている背景画像と同じ「back.gif」が指定されています。

03　01　段組み型／逆L字型（3コラム）>>3コラムA（フローズン）

ie5win.css

```css
@charset "Shift_JIS";

/* ヘッダ
-------------------------------------------------- */
#header {
    height: 80px;
}

/* ページ本体
-------------------------------------------------- */
#pagebody {
    width: 742px;
}

/* フッタ
-------------------------------------------------- */
#footer p {
    width: 777px;
}
```

Internet Explorer 5.x では、width プロパティと height プロパティにはパディングも含めた値を指定する必要があります。そのため、必要な値をここで上書き指定しています。

| 03 | 01 | 段組み型／逆L字型（3コラム）>>3コラムA（フローズン）|

応用編

メインコンテンツを3段組にする

カスタマイズのポイント

・CSSを利用して、コンテンツを3段組みのレイアウトにしてみる

#1　コンテンツの分割

サンプルレイアウトに手を加え3段組に

　03_01 基本編で説明したレイアウトは、左サイドのナビゲーション部＋コンテンツ2分割の3コラム型レイアウトでした。応用編では、この左サイドナビゲーション部を取り、コンテンツを3分割する段組みのレイアウトを作ってみましょう。

　なお、左サイドのナビゲーションメニューは取ってしまいますが、もともとヘッダ部分にナビゲーションを補足するためのテキストリンクが置かれているので、それを

03 | 01 | 段組み型／逆L字型（3コラム）>>3コラムA（フローズン）

そのまま"メインメニュー"として、引き続き使用することにします。

ページタイトル画像を作る

今回、新たに用意する画像は、ブルーのページタイトル画像（3.1 CLIENTS の箇所）だけです。画像を Photoshop などで用意します。この際、画像の横幅を、コラム幅（段組みの幅）に合わせて作る必要があります。

また、たとえば、バリエーションの付けかたとして、サイト内のコンテンツごとにキーカラーを変えてみてもよいでしょう。ページごとに色分けされていれば、コンテンツ間でメリハリが出てきます。

ちなみに、こうした色を多用するデザインの際には、サイト ID や、グローバルナビゲーションなど複数のページにまたがって繰り返し使用される要素の色は、あらかじめグレーなどの中間色に変えておき、色同士がぶつからないようにしておくとよいでしょう。

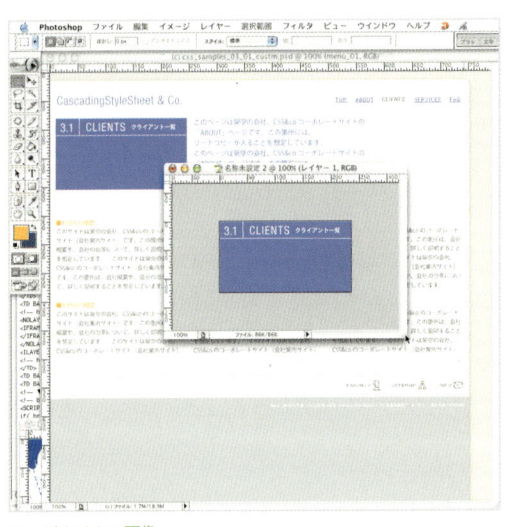

TERM

サイト ID
サイトのシンボルとして、目立つ箇所に置かれたロゴ、マーク、アイコン。たいていは会社のロゴなどが使われることが多く、左上／右上などに置かれ「トップページ」へのリンクが張られていることが多い。

ページタイトル画像
CSS のコラムの横幅に合わせて作ります。

サイト内のコンテンツごとに色を変えてみる

03 | 01 | 段組み型／逆 L 字型（3 コラム）>> 3 コラム A（フローズン）

CSS ファイルの書き換え

では、サンプル CSS をカスタムして、段組みを作ってみましょう。

この際注意して欲しいのは、このページでは上段（ページタイトル画像とリードコピーが入っている部分）が 2 コラムレイアウトになっており、下段（テキスト部分）が 3 コラムレイアウトになっている、という点です。

上段では、画像箇所の h1 要素を左寄せ（float: left）に、リード部分を右寄せ（float: right）に指定してあります。

また下段部分では、div 要素「clients1」、「clients2」、「clients3」、それぞれにマージンを記述した上で、「clients1」は左寄せ、「clients3」は右寄せに指定し、「clients2」はその中に挟み込まれるようなカタチになっています。

base.css

```css
/* ページ本体
------------------------------------------------- */
#pagebody {
    width: 732px;
    padding-left: 10px;
}


/* ページタイトル
------------------------------------------------- */
#pagetitle  {
    margin-top: 10px;
    margin-left: 10px;
    margin-bottom: 0;
    width:732px;
    background-color:#ffffff;
}
#pagetitle h1 {
    float: left;
    margin: 0;
    padding: 0;
    border-style:none;
    font-size: xx-small;
}
#pagetitle .lead p {
    float: right;
    margin-top: 0;
    margin-right: 0;
    width:484px;
    text-align: left;
    line-height: 1.4;
    font-size: small;
    color: #3366ff;
```

03 | 01 段組み型／逆L字型（3コラム）>>3コラムA（フローズン）

```css
    background: transparent;
  }


  /* コンテンツ
  ------------------------------------------------ */
  #content {
    float: left;
    width: 732px;
    padding-bottom: 2em;
    border-bottom: 1px solid #cccccc;
  }

  #clients1 {
    float: left;
    margin-left: 0px;
    width: 233px;
  }
  #clients2 {
    margin-left: 248px;
    margin-right: 248px;
  }
  #clients3 {
    float: right;
    margin-left: 0px;
    width: 233px;
  }

  #content h2 {
    margin: 2em 0 0.3em;
    font-size: x-small;
    font-weight: normal;
    color: #ff9900;
    background: transparent;
  }
  #clients1 p, #clients2 p, #clients3 p {
    margin: 0;
    line-height: 1.6;
    font-size: x-small;
  }
```

CSSに「ページタイトル」の記述を新たに書き加える。さらに「コンテンツ」部分を書き換える

HTMLファイルの書き換え

　同様に、「index.html」内の該当箇所も書き換えます。div要素「pagetitle」を新たに付け加え、画像「pagetitle_01.gif」を配置します。画像の右横にリードコピーが入

03 | 01　段組み型／逆L字型（3コラム）>>3コラムA（フローズン）

ります。

　ちなみに、リードの改行には `<br>` タグを使いますが、これは「空要素」なので、タグ名とスラッシュの間にスペースを入れて記述します。

　ひとつだけ、div 要素「clients2」と「clients3」の順番が逆になっている部分に注意してください。div 要素「clients1」が左寄せ、「clients3」が右寄せで配置された残りの部分に、「clients2」が配置されているのです。

TERM

空要素
終了タグを必要としない `<hr>`、`<br>` などの要素を「空要素」と呼びます。XHTML では、こうした空要素は、タグ名とスラッシュの間にスペースを入れて、`<hr />`、`<br />` などのように記述しなければなりません。

```html
index.html

<div id="wrapper">

～中略～

<div id="pagetitle">

<h1><img src="images/pagetitle_01.gif" alt="3.1 クライアント一覧 " /></h1>

<div class="lead">
<p>
このページは架空の会社、CSS&amp;Co. のコーポレートサイトの <br />
「Clients」ページです。この箇所には、<br />
リードコピーが入ることを想定しています。
</p>
<p>
このページは架空の会社、CSS&amp;Co. のコーポレートサイトの <br />
「Clients」ページです。この箇所には、<br />
リードコピーが入ることを想定しています。
</p>
</div>

</div>


<div id="pagebody">

<div id="content">

<div id="clients1">
<h2>■クライアントA </h2>
<p>
このサイトは架空の会社、CSS&amp;Co. のコーポレートサイトです。この箇所は、クライアント企業について説明する部分であることを想定しています。このサイトは架空の会社、CSS&amp;Co. のコーポレートサイトです。この箇所は、クライアント企業について説明する部分であることを想定しています。このサイトは架空の会社、CSS&amp;Co. のコーポレートサイト（会社案内サイト）です。
</p>
<h2>■クライアントB </h2>
```

03 | 01 段組み型／逆Ｌ字型（3コラム）>>3コラムＡ（フローズン）

```
    <p>
    このサイトは架空の会社、CSS&amp;Co.のコーポレートサイト（会社案内サイト）です。こ
    の箇所は、クライアント企業について説明する部分であることを想定しています。このサイト
    は架空の会社、CSS&amp;Co.のコーポレートサイト（会社案内サイト）です。
    </p>
    </div>

    <div id="clients3">
    <h2>■クライアントE</h2>
    <p>
    このサイトは架空の会社、CSS&amp;Co.のコーポレートサイトです。この箇所は、クライ
    アント企業について説明する部分であることを想定しています。このサイトは架空の会社、
    CSS&amp;Co.のコーポレートサイトです。この箇所は、クライアント企業について説明する
    部分であることを想定しています。このサイトは架空の会社、CSS&amp;Co.のコーポレート
    サイト（会社案内サイト）です。
    </p>
    <h2>■クライアントF</h2>
    <p>
    このサイトは架空の会社、CSS&amp;Co.のコーポレートサイト（会社案内サイト）です。こ
    の箇所は、クライアント企業について説明する部分であることを想定しています。このサイト
    は架空の会社、CSS&amp;Co.のコーポレートサイト（会社案内サイト）です。
    </p>
    </div>

    <div id="clients2">
    <h2>■クライアントC</h2>
    <p>
    このサイトは架空の会社、CSS&amp;Co.のコーポレートサイトです。この箇所は、クライ
    アント企業について説明する部分であることを想定しています。このサイトは架空の会社、
    CSS&amp;Co.のコーポレートサイトです。この箇所は、クライアント企業について説明する
    部分であることを想定しています。このサイトは架空の会社、CSS&amp;Co.のコーポレート
    サイト（会社案内サイト）です。
    </p>
    <h2>■クライアントD </h2>
    <p>
    このサイトは架空の会社、CSS&amp;Co.のコーポレートサイト（会社案内サイト）です。こ
    の箇所は、クライアント企業について説明する部分であることを想定しています。このサイト
    は架空の会社、CSS&amp;Co.のコーポレートサイト（会社案内サイト）です。
    </p>
    </div>

    </div>

    </div>    <!-- pagebody 終了 -->
```

HTMLのソースを記述する
div要素「clients2」と「clients3」の順番が逆になっている部分に注意してください。

03 | 02 3コラムB（リキッド）

段組み型／逆L字型（3コラム）

基本編

サイドにメニューを配し、メイン部分が2分割されたレイアウト（リキッド）

用途

・比較的汎用性の高い3コラムレイアウト（リキッド）
・テキスト中心で、ユーザビリティ／アクセシビリティに配慮したページ

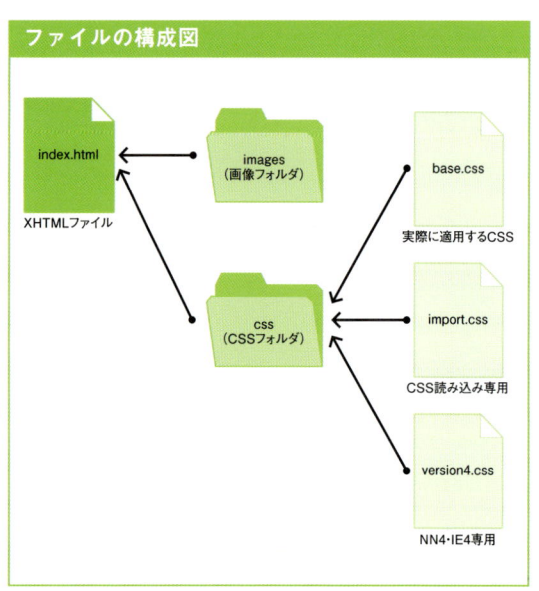

ファイルの構成図

- index.html（XHTMLファイル）
- images（画像フォルダ）
- css（CSSフォルダ）
- base.css（実際に適用するCSS）
- import.css（CSS読み込み専用）
- version4.css（NN4・IE4専用）

| 03 | 02 | 段組み型／逆L字型（3コラム）>>3コラムB（リキッド） |

レイアウトとデザイン

　03_01に引き続き、03_02も、比較的汎用性の高い3コラム型のレイアウトについて説明します。03_01と違うのは、レイアウトの全体がブラウザのウィンドウ幅に追従して可変する"リキッド"レイアウトである、という点です。

　03_01同様、このサンプルもまた、文字量の多いコンテンツなどに向いています。ユーザーが好みのサイズで閲覧できるので、ユーザビリティ／アクセシビリティに優れているともいえるでしょう。

　ただ、リキッドレイアウト全般についていえることですが、デザイン性という面では、やや弱くなる印象も否めません。したがって、グラフィック中心で見せるレイアウトというよりも、テキスト主体の読ませるページに適したレイアウトといえます。

　このサンプルは、左サイドにナビゲーション、メインのコンテンツを2段組にしたレイアウトで、"ナビゲーション部固定＋メインコンテンツの2段組みがそれぞれ可変"というレイアウトになっています。

　後半の応用編ではこれをカスタマイズし、可変部分と固定部分の組み合わせかたを、いろいろ考えてみましょう。可変部分の比率を変えたり、可変と固定を組み合わせたりして、レイアウトのバリエーションを試してみます。組み合わせかたを変えるだけで、いろいろなレイアウトパターンの可能性が考えられます。

サンプルCSSの概要

　このサンプルは、ページ全体の構造としては02_02とほぼ同じです。左のナビゲーション部分だけが固定幅で、右側の残りの部分はウィンドウの幅に合わせて伸縮します。XHTML上では、固定する左の段（ナビゲーション）が先にあり、その部分に「float: left;」を指定しています。右側の2つの段の部分は、div要素でグループ化し、その左にはナビゲーションの幅とほぼ同じだけのマージンを設定しています。

　グループ化した右側の2つの段では、02_01や03_01のように一方に「float: left;」、もう一方に「float: right;」を指定する方法を使って2段組のようにしています。ただし、この部分は幅が可変ですので、このサンプルではそれぞれ49%ずつの幅を指定しています（CSS2の仕様上、floatプロパティを指定したdiv要素には必ず幅を指定する必要があります）。本来であれば、それぞれ50%を指定して合計が100%になるようにしたいところですが、合計が100%になるように幅を指定すると、Internet Explorerでは表示が崩れてしまいます。それを避けるためには、問題のない範囲でできるだけ幅の合計を100%よりも少なくなるように設定する必要があります。

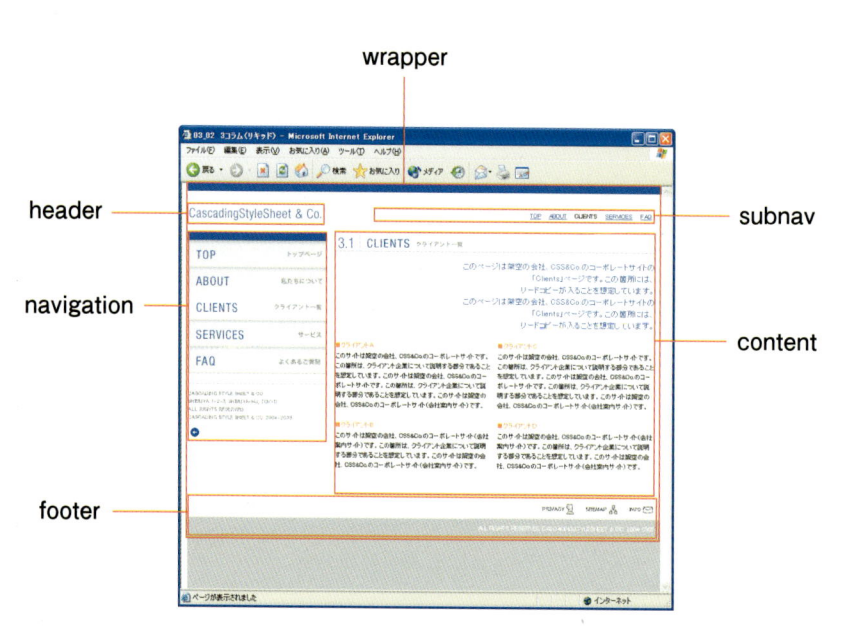

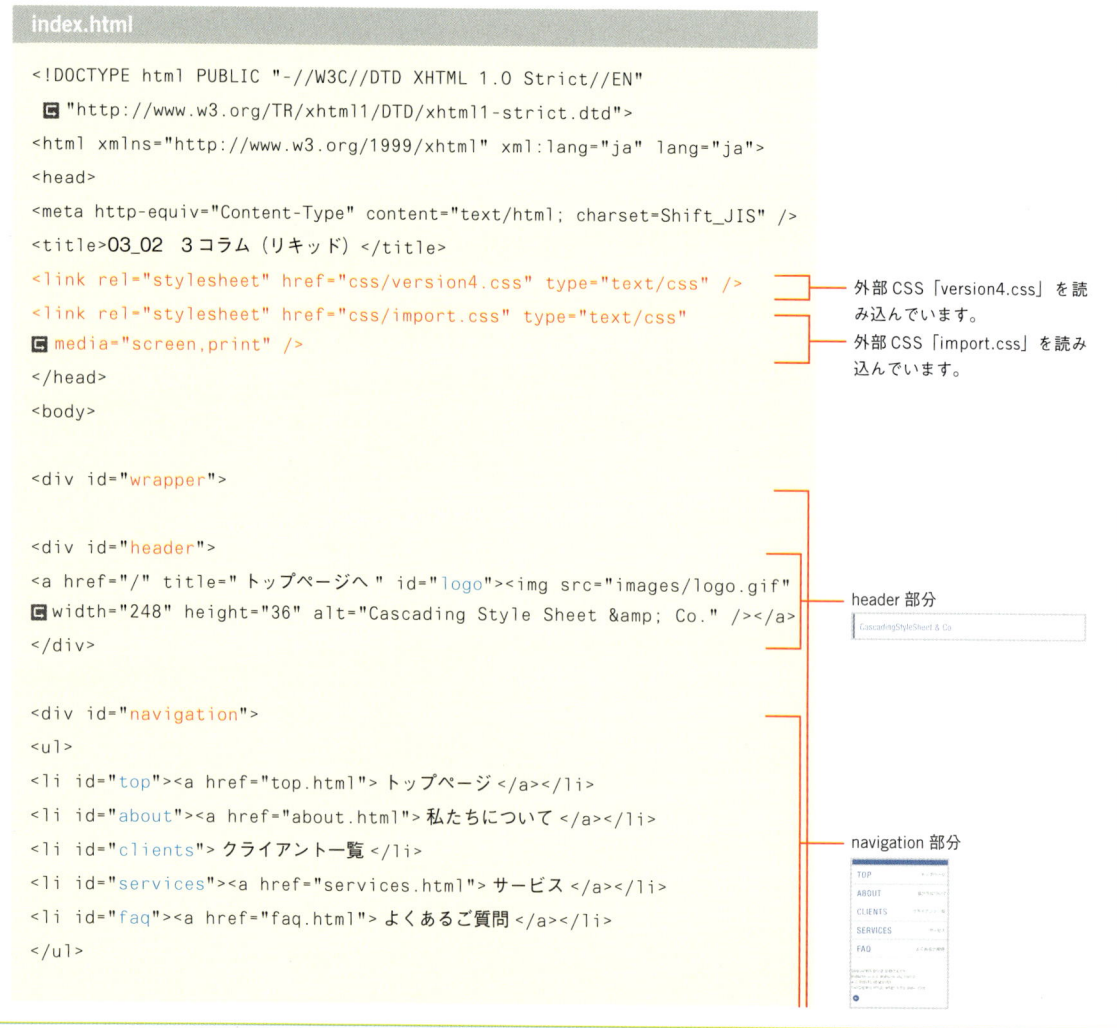

| 03 | 02 | 段組み型／逆L字型（3コラム）>>3コラムB（リキッド） |

- header
- navigation
- footer
- wrapper
- subnav
- content

index.html

```
<!DOCTYPE html PUBLIC "-//W3C//DTD XHTML 1.0 Strict//EN"
 "http://www.w3.org/TR/xhtml1/DTD/xhtml1-strict.dtd">
<html xmlns="http://www.w3.org/1999/xhtml" xml:lang="ja" lang="ja">
<head>
<meta http-equiv="Content-Type" content="text/html; charset=Shift_JIS" />
<title>03_02 3コラム（リキッド）</title>
<link rel="stylesheet" href="css/version4.css" type="text/css" />
<link rel="stylesheet" href="css/import.css" type="text/css"
 media="screen,print" />
</head>
<body>

<div id="wrapper">

<div id="header">
<a href="/" title="トップページへ " id="logo"><img src="images/logo.gif"
 width="248" height="36" alt="Cascading Style Sheet &amp; Co." /></a>
</div>

<div id="navigation">
<ul>
<li id="top"><a href="top.html">トップページ </a></li>
<li id="about"><a href="about.html">私たちについて </a></li>
<li id="clients"> クライアント一覧 </li>
<li id="services"><a href="services.html"> サービス </a></li>
<li id="faq"><a href="faq.html">よくあるご質問 </a></li>
</ul>
```

外部 CSS「version4.css」を読み込んでいます。

外部 CSS「import.css」を読み込んでいます。

header 部分

navigation 部分

102

03 | 02 | 段組み型／逆L字型（3コラム）>>3コラムB（リキッド）

```
<address>
Cascading Style Sheet &amp; Co.<br />
Shibuya 1-2-3, Shibuya-ku, Tokyo<br />
All rights reserved<br />
Cascading Style Sheet &amp; Co. 2004-2005
</address>
<div>
<a href="/"><img src="images/arrow.gif" width="15" height="15" alt="
↵戻る " /></a>
</div>
</div>


<div id="content">
<h1><img src="images/clients.gif" width="220" height="29" alt="3.1 ク
↵ライアント一覧 " /></h1>
<div class="lead">
<p>
このページは架空の会社、CSS&amp;Co. のコーポレートサイトの<br />
「Clients」ページです。この箇所には、<br />
リードコピーが入ることを想定しています。
</p>
<p>
このページは架空の会社、CSS&amp;Co. のコーポレートサイトの<br />
「Clients」ページです。この箇所には、<br />
リードコピーが入ることを想定しています。
</p>
</div>
<div id="clients1">
<h2>■クライアントA </h2>
<p>
このサイトは架空の会社、CSS&amp;Co. のコーポレートサイトです。この箇所は、クライ
アント企業について説明する部分であることを想定しています。このサイトは架空の会社、
CSS&amp;Co. のコーポレートサイトです。この箇所は、クライアント企業について説明す
る部分であることを想定しています。このサイトは架空の会社、CSS&amp;Co. のコーポレ
ートサイト（会社案内サイト）です。
</p>
<h2>■クライアントB </h2>
<p>
このサイトは架空の会社、CSS&amp;Co. のコーポレートサイト（会社案内サイト）です。
この箇所は、クライアント企業について説明する部分であることを想定しています。このサ
イトは架空の会社、CSS&amp;Co. のコーポレートサイト（会社案内サイト）です。
</p>
</div>
<div id="clients2">
<h2>■クライアントC </h2>
<p>
このサイトは架空の会社、CSS&amp;Co. のコーポレートサイトです。この箇所は、クライ
```

content 部分

03 | 02 | 段組み型／逆L字型（3コラム）>>3コラムB（リキッド）

```
アント企業について説明する部分であることを想定しています。このサイトは架空の会社、
CSS&amp;Co.のコーポレートサイトです。この箇所は、クライアント企業について説明す
る部分であることを想定しています。このサイトは架空の会社、CSS&amp;Co.のコーポレ
ートサイト（会社案内サイト）です。
</p>
<h2>■クライアントD </h2>
<p>
このサイトは架空の会社、CSS&amp;Co.のコーポレートサイト（会社案内サイト）です。
この箇所は、クライアント企業について説明する部分であることを想定しています。このサ
イトは架空の会社、CSS&amp;Co.のコーポレートサイト（会社案内サイト）です。
</p>
</div>
</div>


<ul id="subnav">
<li><a href="top.html" title="トップページ ">top</a></li>
<li><a href="about.html" title="私たちについて ">about</a></li>
<li>clients</li>
<li><a href="services.html" title="サービス ">services</a></li>
<li><a href="faq.html" title="よくあるご質問 ">faq</a></li>
</ul>

<div id="footer">
<ul>
<li id="privacy"><a href="privacy.html" title=" プライバシーポリシー
">privacy</a></li>
<li id="sitemap"><a href="sitemap.html" title=" サイトマップ ">sitemap</
a></li>
<li id="info"><a href="info.html" title="お問い合わせ ">info</a></li>
</ul>
<p>
All rights reserved CascadingStyleSheet &amp; Co. 2004-2005
</p>
</div>


</div>      <!-- wrapper 終了 -->

</body>
</html>
```

― subnav 部分

― footer 部分

03 | 02 段組み型／逆L字型（3コラム）>>3コラムB（リキッド）

version4.css

```css
@charset "Shift_JIS";

body {
  color: #000000;
  background: #ffffff;
}
a img {
  border: none;
  color: #ffffff;
  background: transparent;
}
h2 {
  font-size: medium;
}
```

Netscape Navigator 4.x と Internet Explorer 4.0 向けの指定です。ページ全体の文字色と背景色を設定し、リンクした画像の周りに表示される枠線を消しています。このサンプルでは、h1 要素の内容は画像になっていますが、それに対して h2 要素のフォントサイズが大きすぎるので、ここで調整しています。

import.css

```css
@import "base.css";
```

「@import url(base.css);」形式で読み込んでいないため、Internet Explorer 4.0 は「base.css」を読み込みません。

base.css

```css
@charset "Shift_JIS";

/* 全体構造
------------------------------------------------ */
body {
  margin: 0;
  padding: 0 0 0 10px;
  color: #333333;
  background: #cccccc url(../images/bodyleft.gif) repeat-y;
}
#wrapper {
  width: 100%;
  border-top: 13px solid #3366ff;
  color: #333333;
  background: #ffffff;
}

/* リンク
------------------------------------------------ */
a:link {
  color: #3366ff;
  background: transparent;
}
```

body 要素の背景色としてフッタ部分と同じグレーを指定しています。左側には「10px」のパディングを確保し、その部分に白い背景画像を縦に繰り返して表示させています。

wrapper には幅として「100%」を指定し、上に青いボーダーを表示させます。背景色は白に設定します。

03 | 02 | 段組み型／逆Ｌ字型（3コラム）>>3コラムＢ（リキッド）

```css
a:visited {
  color: #800080;
  background: transparent;
}
a:hover, a:active {
  color: #ff9933;
  background: transparent;
}
```
ページ全体のリンクの色を設定しています。

```css
/* ヘッダ
-------------------------------------------------- */
#header #logo {
  position: absolute;
  top: 31px;
  left: 0;
}
```
ページ左上のロゴ画像を内容として持つa要素を絶対配置しています。

```css
/* ナビゲーション
-------------------------------------------------- */
#navigation {
  float: left;
  width: 236px;
  margin-top: 67px;
  border-top: 13px solid #3366ff;
}
```
左の段であるnavigationに幅を設定し、「float: left;」で左に寄せて表示させます。

```css
#navigation ul {
  margin: 0 0 1em;
  padding: 0;
  border-top: 1px solid #cccccc;
  border-bottom: 1px solid #cccccc;
  list-style: none;
}
#navigation li {
  margin: 0;
  padding: 0;
  width: 236px;
  height: 43px;
  text-indent: -9999px;
}
#navigation li a {
  text-decoration: none;
    /* ■Firefoxなどで線が表示されないようにする */
  display: block;
  width: 236px;
  height: 43px;
}
```
ナビゲーション内のul要素は「list-style:none;」でマーカーを消し、各項目のテキストは負のインデントで表示されないようにしています。そして、各項目に含まれるa要素をブロックレベルに変換して幅と高さを指定し、そこに背景として画像を表示させる準備をします。a要素に「text-decoration: none;」を指定しているのは、FirefoxなどのMozilla系ブラウザで余分な線が表示されるバグを回避するためです。

03　02　段組み型／逆L字型（3コラム）>>3コラムB（リキッド）

```
#navigation li#top       {
  background: url(../images/nav.gif) no-repeat 0 0;
}
#navigation li#about     {
  background: url(../images/nav.gif) no-repeat 0 -43px;
}
#navigation li#clients   {
  background: url(../images/nav.gif) no-repeat -236px -86px;
}
#navigation li#services  {
  background: url(../images/nav.gif) no-repeat 0 -129px;
}
#navigation li#faq       {
  background: url(../images/nav.gif) no-repeat 0 -172px;
}
#navigation li#top a:hover       {
  background: url(../images/nav.gif) no-repeat -236px 0px;
}
#navigation li#about a:hover     {
  background: url(../images/nav.gif) no-repeat -236px -43px;
}
#navigation li#services a:hover  {
  background: url(../images/nav.gif) no-repeat -236px -129px;
}
#navigation li#faq a:hover       {
  background: url(../images/nav.gif) no-repeat -236px -172px;
}

#navigation address {
  margin: 0;
  padding: 1em 0 0 1px;
  border-top: 1px solid #cccccc;
  font-style: normal;
  font-size: xx-small;
  text-transform: uppercase;
  line-height: 1.5;
  color: #999999;
  background: transparent;
}
#navigation div {
  margin: 0.7em 0 0 5px;
}

/* コンテンツ
-------------------------------------------------- */
#content {
```

各li要素に背景画像を指定しています。どのli要素にも同じ画像（nav.gif）を指定していますが、それぞれ表示位置をずらして必要な部分だけを表示させる仕組みになっています。ホーバー時の画像としても同じ画像を使っています。

XHTML上でアルファベットをすべて大文字にしてしまうと、音声ブラウザなどの環境で正しく読み上げられなくなる可能性があります。そのため、ナビゲーション下のテキストは、CSSのtext-transformプロパティを使って大文字に変換して表示させています。

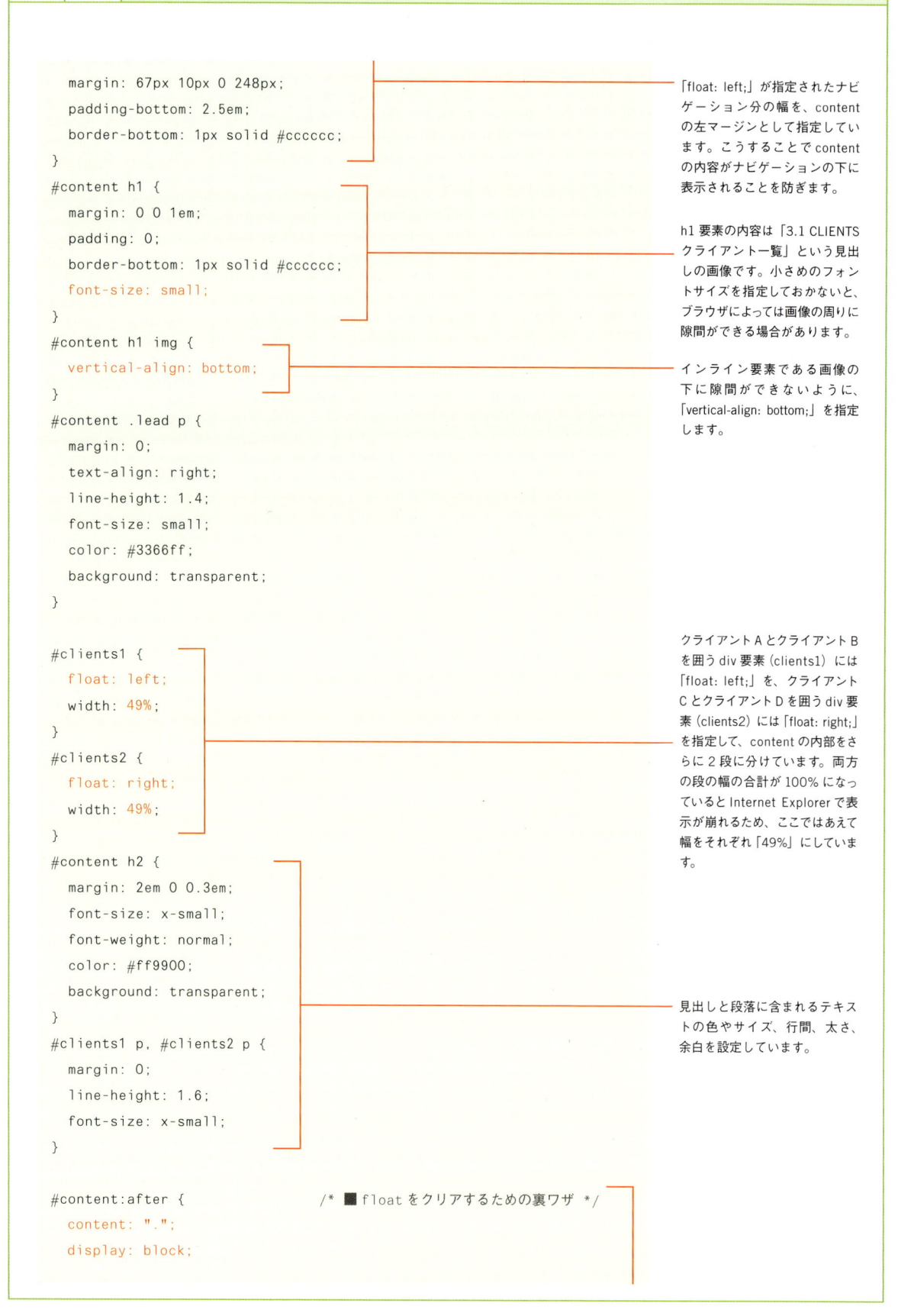

03　02　段組み型／逆L字型（3コラム）>>3コラムB（リキッド）

```css
    margin: 67px 10px 0 248px;
    padding-bottom: 2.5em;
    border-bottom: 1px solid #cccccc;
}
#content h1 {
    margin: 0 0 1em;
    padding: 0;
    border-bottom: 1px solid #cccccc;
    font-size: small;
}
#content h1 img {
    vertical-align: bottom;
}
#content .lead p {
    margin: 0;
    text-align: right;
    line-height: 1.4;
    font-size: small;
    color: #3366ff;
    background: transparent;
}

#clients1 {
    float: left;
    width: 49%;
}
#clients2 {
    float: right;
    width: 49%;
}
#content h2 {
    margin: 2em 0 0.3em;
    font-size: x-small;
    font-weight: normal;
    color: #ff9900;
    background: transparent;
}
#clients1 p, #clients2 p {
    margin: 0;
    line-height: 1.6;
    font-size: x-small;
}

#content:after {              /* ■floatをクリアするための裏ワザ */
    content: ".";
    display: block;
```

「float: left;」が指定されたナビゲーション分の幅を、contentの左マージンとして指定しています。こうすることでcontentの内容がナビゲーションの下に表示されることを防ぎます。

h1要素の内容は「3.1 CLIENTS クライアント一覧」という見出しの画像です。小さめのフォントサイズを指定しておかないと、ブラウザによっては画像の周りに隙間ができる場合があります。

インライン要素である画像の下に隙間ができないように、「vertical-align: bottom;」を指定します。

クライアントAとクライアントBを囲むdiv要素（clients1）には「float: left;」を、クライアントCとクライアントDを囲むdiv要素（clients2）には「float: right;」を指定して、contentの内部をさらに2段に分けています。両方の段の幅の合計が100%になっているとInternet Explorerで表示が崩れるため、ここではあえて幅をそれぞれ「49%」にしています。

見出しと段落に含まれるテキストの色やサイズ、行間、太さ、余白を設定しています。

03 02 段組み型／逆 L 字型（3 コラム）>>3 コラム B（リキッド）

```css
    height: 0;
    clear: both;
    visibility: hidden;
}

/* Hides from IE-mac \*/
* html #content { height: 1%; }
/* End hide from IE-mac */
```

> content の内容の最後の 2 つが float 状態になっていますが、それをクリアしなければ content の下のボーダーなどが意図した通りに表示されません。それを解決するのが、この裏ワザです。Internet Explorer を除く新しいブラウザが対応しています。

> Internet Explorer は上記の裏ワザに対応していないため、代わりにこの裏ワザを使っています。

```css
/* サブナビゲーション
---------------------------------------------- */
ul#subnav  {
    position: absolute;
    top: 42px;
    right: 15px;
    margin: 0;
    padding: 0 0 0 250px;
           /* ■ロゴと重ならないための余白を確保 */
    list-style: none;
    text-align: right;
    font-size: x-small;
    line-height: 1.5;
}
ul#subnav li {
    display: inline;
    padding-left: 1em;
    text-transform: uppercase;
    vertical-align: top;
}
```

> ページ右上にあるサブナビゲーションは、XHTML 上ではフッタの直前にあります。ここでは、それを絶対配置でページ右上に配置しています。ウィンドウの幅を極端に狭くした時に、ロゴと重なることのないように左のパディングを広めにとってあります。この部分はリストとしてタグ付けされていますが、li 要素はインラインに変換されて右寄せで表示されています。

```css
/* フッタ
---------------------------------------------- */
#footer {
    clear: both;
}
#footer ul {
    margin: 0;
    padding: 10px 10px;
    list-style: none;
    text-align: right;
    font-size: xx-small;
}
#footer li {
    display: inline;
    padding-left: 1.7em;
    text-transform: uppercase;
```

> 左の段（ナビゲーション）の float をクリアします。

> ページ下の PRIVACY、SITE MAP、INFO という部分は、XHTML では ul 要素としてタグ付けされています。ここでは ul 要素のマーカーを消し、li 要素をインラインに変換して右寄せで表示させています。この後に指定する背景画像との縦位置を揃えるために、「vertical-align: middle;」も指定しています。

03 | 02 | 段組み型／逆L字型（3コラム）>>3コラムB（リキッド）

```
}
#footer li a {
    padding: 10px 0;
    vertical-align: middle;
    text-decoration: none;
}
#footer li#privacy a {
    padding-right: 18px;
    color: #666666;
    background: url(../images/privacy.gif) right no-repeat;
}
#footer li#sitemap a {
    padding-right: 19px;
    color: #666666;
    background: url(../images/sitemap.gif) right no-repeat;
}
#footer li#info a {
    padding-right: 22px;
    color: #666666;
    background: url(../images/info.gif) right no-repeat;
}
#footer p {
    margin: 0;
    padding: 1em 10px;
    text-align: right;
    text-transform: uppercase;
    font-size: x-small;
    color: #ffffff;
    background: #cccccc;
}
```

各li要素の右側に必要な幅のパディングを確保し、そこに以下のような背景画像を表示させています。

ページ最下部のコピーライト表記は、text-alignプロパティで右寄せにされています。この部分の背景には、body要素に指定されているのと同じグレーが指定されています。

| 03 | 02 | 段組み型／逆L字型（3コラム）>>3コラムB（リキッド）|

応用編

フローズンとリキッドの組み合わせを変える

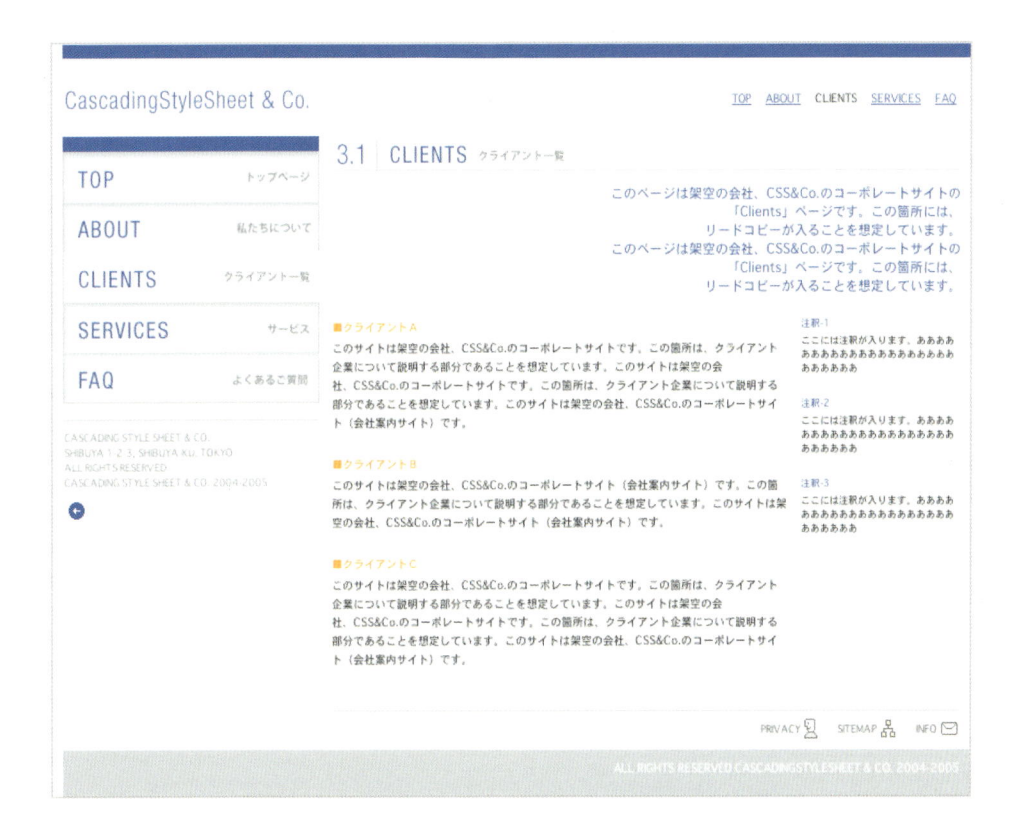

カスタマイズのポイント

・固定部分と可変部分の組み合わせでレイアウトのさまざまなバリエーションを出す

#1　フローズンとリキッドの組み合わせかた

サンプルのリキッドレイアウト

　すでに説明したように、このレイアウトが03_01と違うのは、レイアウト全体がブラウザのウィンドウ幅に追従して可変する"リキッド"レイアウトであるという点です。紙面上では違いが分かりづらいかもしれませんが、ウィンドウ幅を広げると、それに追従して中央と右サイド部分の2つのコラムが可変するようになっています（サンプルのリキッドレイアウト：次ページの画像参照）。

　ただ、実際の現場でのニーズを考えると、左サイドと右サイドは固定したまま、センターのメインコンテンツだけをリキッド（可変）状態にしておくようなパターン

03 | 02 段組み型／逆L字型（3コラム）>>3コラムB（リキッド）

も、かなり需要があるはずです（センター部分のみ可変のカスタム例：P.115の画像参照）。

　このように、リキッドとフローズンの組み合わせかたひとつ取ってみても、さまざまなニーズに合わせたバリエーションを考えることができるのです。サイトの雰囲気やコンテンツに合わせて、カスタム例をもとに、いろいろと工夫してみるのもよいでしょう。

サンプルのリキッドレイアウト
ブラウザウィンドウ幅に追従して、中央と右サイド部の2つのコラムが可変します。左サイドは固定です。

センター部分と、右サイド部の"比率"を変えてみる

　まずは、簡単なカスタム例として、センター部分と右サイド部の"比率"を変えてみましょう。右サイド部分は、センター本文テキスト部分に対して、"注釈"のような扱いとし、cautionというidのdiv要素を新たに付け加えることにします。幅は任意のサイズでかまいませんが、ここでは20％くらいにしておきます。

　この際、widthプロパティを％で横幅指定する場合、合計が100％になってしまうとInternet Explorerで表示が崩れてしまうおそれがある、という点に注意しましょう。Internet Explorer側のバグなのですが、念のため合計値が100％未満になるように記述しておくとよいでしょう。カスタム例では、横幅を（本来は、100％－20％＝80％となるはずですが、それよりも小さめに）「78％」としてあります。

可変部分の比率を変えてみたカスタム例
本文部分と、注釈部分の比率を変えてみたリキッドレイアウトです。

03 | 02 | 段組み型／逆L字型（3コラム）>>3コラムB（リキッド）

base.css

```
/* コンテンツ
---------------------------------------------- */

～中略～

#clients1 {
  float: left;
  width: 78%;
}
#content h2 {
  margin: 2em 0 0.3em;
  font-size: x-small;
  font-weight: normal;
  color: #ff9900;
  background: transparent;
}
#clients1 p, #clients2 p {
  margin: 0;
  line-height: 1.6;
  font-size: x-small;
}

#caution {
  float: right;
  width: 20%;
}
#caution h3 {
  margin: 2em 0 0.3em;
  font-size: xx-small;
  font-weight: normal;
  color: #3366ff;
  background: transparent;
}
#caution p {
  margin: 0;
  line-height: 1.4;
  font-size: xx-small;
}

～後略～
```

CSSの「コンテンツ」部分を書き換える

03　02　段組み型／逆L字型（3コラム）>>3コラムB（リキッド）

index.html

```html
<div id="content">
<h1><img src="images/clients.gif" width="220" height="29" alt="3.1 ク
ライアント一覧" />
</h1>

<div class="lead">
<p>
このページは架空の会社、CSS&amp;Co.のコーポレートサイトの<br />
「Clients」ページです。この箇所には、<br />
リードコピーが入ることを想定しています。
</p>
<p>
このページは架空の会社、CSS&amp;Co.のコーポレートサイトの<br />
「Clients」ページです。この箇所には、<br />
リードコピーが入ることを想定しています。
</p>
</div>


<div id="clients1">
<h2>■クライアントA</h2>
<p>
このサイトは架空の会社、CSS&amp;Co.のコーポレートサイトです。この箇所は、クライ
アント企業について説明する部分であることを想定しています。このサイトは架空の会社、
CSS&amp;Co.のコーポレートサイトです。この箇所は、クライアント企業について説明する
部分であることを想定しています。このサイトは架空の会社、CSS&amp;Co.のコーポレート
サイト（会社案内サイト）です。
</p>
<h2>■クライアントB</h2>
<p>
このサイトは架空の会社、CSS&amp;Co.のコーポレートサイト（会社案内サイト）です。こ
の箇所は、クライアント企業について説明する部分であることを想定しています。このサイト
は架空の会社、CSS&amp;Co.のコーポレートサイト（会社案内サイト）です。
</p>
<h2>■クライアントC</h2>
<p>
このサイトは架空の会社、CSS&amp;Co.のコーポレートサイトです。この箇所は、クライ
アント企業について説明する部分であることを想定しています。このサイトは架空の会社、
CSS&amp;Co.のコーポレートサイトです。この箇所は、クライアント企業について説明する
部分であることを想定しています。このサイトは架空の会社、CSS&amp;Co.のコーポレート
サイト（会社案内サイト）です。
</p>
</div>

<div id="caution">
<h3>注釈-1</h3>
<p>
```

03 | 02 | 段組み型／逆L字型（3コラム）>>3コラムB（リキッド）

```
ここには注釈が入ります。あああああああああああああああああああ
</p>
<h3>注釈-2</h3>
<p>
ここには注釈が入ります。あああああああああああああああああああ
</p>
<h3>注釈-3</h3>
<p>
ここには注釈が入ります。あああああああああああああああああああ
</p>
</div>

</div>
```

HTMLのソースを記述する

センター部分を可変に、右サイド部分を固定にしてみる

では次に、右サイド部分を一定の幅で固定したまま、センター部分だけを可変にしてみましょう。基本的には、右サイド部分を float プロパティで右寄せにし、その横幅（及び余白部分）の合計値を、センター部分の margin-right プロパティで指定する、という考え方です。右サイド部分の幅は「150px」とします。

CSS 自体の変更箇所は少ないのですが、このとき注意しなければいけないのは、XHTML の記述の順番です。センター部分と注釈部分の順番に気をつけてください。前章でも触れましたが、float プロパティを使った段組みの指定では、float を使った要素を先に記述する必要があるのです。

以下のカスタム例では、右寄せに float させる注釈部分を先に記述し、その後に、回り込みをして残りのスペースに配置されることになるセンターのテキスト部分を記述します。

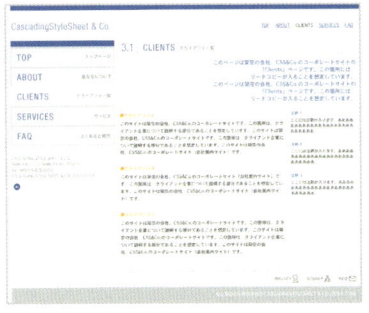

センター部分のみ可変のカスタム例
ウィンドウ幅を広げると、センター部分だけが可変し、右サイド部分の幅は一定です。

CAUTION

XHTML での記述の順番

本来、XHTML の正しいマークアップという観点からすると、レイアウトの都合でメインコンテンツである本文よりも先に注釈部分を記述する、というのは誉められたコーディングとはいえません（たとえば音声読み上げを使用しているユーザーにとっては、不自然な順番になってしまいます）。

とはいえ、XHTML の記述を優先させるとなると、今度は CSS のほうが（入れ子状に div 要素が増えていくなど）複雑な記述になってしまう、というジレンマがあります。コーディングに関するこうした問題点は、今後の課題といえるかもしれません。

03 | 02 | 段組み型／逆L字型（3コラム）>>3コラムB（リキッド）

base.css

```css
/* コンテンツ
-------------------------------------------------- */

～中略～

#clients1 {
  margin-right:162px;
}
#content h2 {
  margin: 2em 0 0.3em;
  font-size: x-small;
  font-weight: normal;
  color: #ff9900;
  background: transparent;
}
#clients1 p, #clients2 p {
  margin: 0;
  line-height: 1.6;
  font-size: x-small;
}

#caution {
  float: right;
  width: 150px;
}
#caution h3 {
  margin: 2em 0 0.3em;
  font-size: xx-small;
  font-weight: normal;
  color: #3366ff;
  background: transparent;
}
#caution p {
  margin: 0;
  line-height: 1.4;
  font-size: xx-small;
}

～後略～
```

CSSの「コンテンツ」部分を書き換える

03 | 02 | 段組み型／逆L字型（3コラム）>>3コラムB（リキッド）

index.html

```html
<div id="content">
<h1><img src="images/clients.gif" width="220" height="29" alt="3.1 ク
ライアント一覧" />
</h1>

<div class="lead">
<p>
このページは架空の会社、CSS&amp;Co. のコーポレートサイトの<br />
「Clients」ページです。この箇所には、<br />
リードコピーが入ることを想定しています。
</p>
<p>
このページは架空の会社、CSS&amp;Co. のコーポレートサイトの<br />
「Clients」ページです。この箇所には、<br />
リードコピーが入ることを想定しています。
</p>
</div>

<div id="caution">
<h3>注釈-1</h3>
<p>
ここには注釈が入ります。ああああああああああああああああああああああ
</p>
<h3>注釈-2</h3>
<p>
ここには注釈が入ります。ああああああああああああああああああああああ
</p>
<h3>注釈-3</h3>
<p>
ここには注釈が入ります。ああああああああああああああああああああああ
</p>
</div>

<div id="clients1">
<h2>■クライアントA </h2>
<p>
このサイトは架空の会社、CSS&amp;Co. のコーポレートサイトです。この箇所は、クライ
アント企業について説明する部分であることを想定しています。このサイトは架空の会社、
CSS&amp;Co. のコーポレートサイトです。この箇所は、クライアント企業について説明する
部分であることを想定しています。このサイトは架空の会社、CSS&amp;Co. のコーポレート
サイト（会社案内サイト）です。
</p>
<h2>■クライアントB </h2>
<p>
このサイトは架空の会社、CSS&amp;Co. のコーポレートサイト（会社案内サイト）です。こ
の箇所は、クライアント企業について説明する部分であることを想定しています。このサイト
```

03 | 02 　段組み型／逆Ｌ字型（3 コラム）>>3 コラム B（リキッド）

```
は架空の会社、CSS&amp;Co. のコーポレートサイト（会社案内サイト）です。
</p>
<h2>■クライアントC </h2>
<p>
このサイトは架空の会社、CSS&amp;Co. のコーポレートサイトです。この箇所は、クライ
アント企業について説明する部分であることを想定しています。このサイトは架空の会社、
CSS&amp;Co. のコーポレートサイトです。この箇所は、クライアント企業について説明する
部分であることを想定しています。このサイトは架空の会社、CSS&amp;Co. のコーポレート
サイト（会社案内サイト）です。
</p>
</div>

</div>
```

<div id="clients1"> よりも、<div id="caution"> の順番が先に記述されていることに注意

CHAPTER 04
ギャラリー型

CONTENTS

04_01　ギャラリー A
　　　基本編：サムネイルイメージを大量に表示する、ギャラリー型メニューページ
　　　応用編：アクセントをつけてページの印象を変える

04_02　ギャラリー B
　　　基本編：サブメニューを表示した、ギャラリー型のコンテンツページ
　　　応用編：テキスト主体のコンテンツページに変更する

04 | 01 ギャラリー型
ギャラリー A

基本編

サムネイルイメージを大量に表示する、
ギャラリー型メニューページ

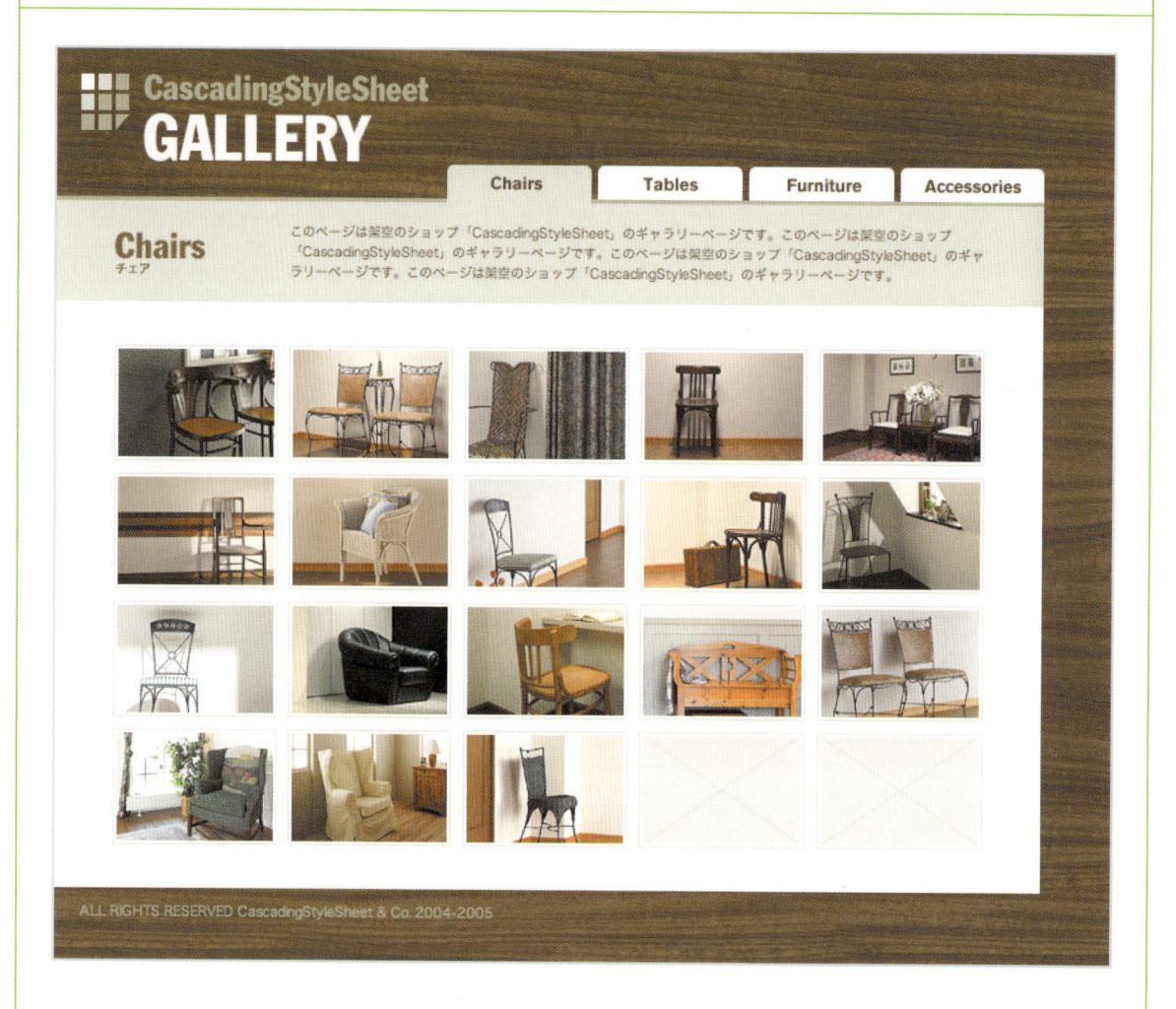

用途

・ギャラリーのメニューページ
・ネットショップの商品一覧ページ

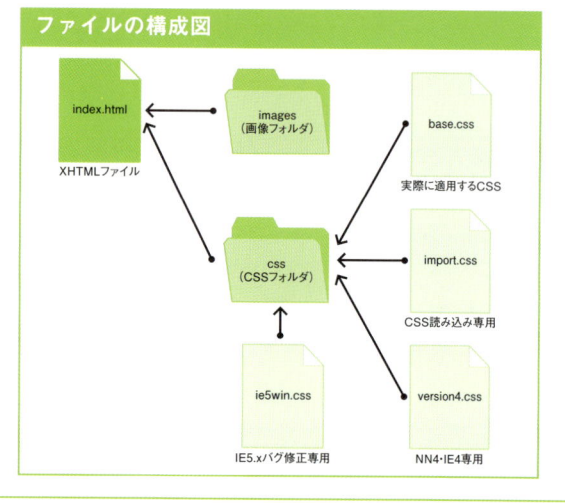

ファイルの構成図

- index.html（XHTMLファイル）
- images（画像フォルダ）
- css（CSSフォルダ）
- base.css（実際に適用するCSS）
- import.css（CSS読み込み専用）
- ie5win.css（IE5.xバグ修正専用）
- version4.css（NN4・IE4専用）

04　01　ギャラリー型 >> ギャラリー A

レイアウトとデザイン

　写真のプレビューや商品画像のサムネイルなど、複数の小さなイメージを一覧で表示するギャラリー型のメニューページについて解説します。

　上部にサイトのタイトルとメニュー、表示しているページのカテゴリー名や解説などを配置し、その下に複数のサムネイルイメージを並べて表示しています。一覧性が高いので、イメージ点数の多いギャラリーサイトや商品紹介サイトのメニューページなどに活用できるレイアウトです。

　今回のサンプルではメニュー部分をタブ型のデザインにし、カテゴリーごとのタイトルとリードを設けています。カテゴリー分けを意識したデザインにすることで、サムネイルイメージ数が多くなっても煩雑感をあまり与えることなくスッキリと整理されているといった印象を出すことができます。

　応用編では、サムネイルイメージを表示しているボックスの一角を丸くすることでページにやわらかな印象をあたえてみます。また、ブラウザのウインドウサイズに依存されないセンター合わせのレイアウトに変更する方法も解説します。

TERM

サムネイル
一覧表示などをする時に元の画像の内容がわかるよう、縮小表示されたイメージのこと。「プレビュー画像」とほぼ同意味として使われます。元は「親指の爪」くらいのサイズという意味。

POINT

タブ型メニュー
タブ型メニューはサイト全体のボリュームを把握しやすく、かつ現在表示しているページと他のリンク先の提示を同時にまかなうことができるメニューといえます。また、馴染みあるもののメタファーであるため簡単に機能を把握しやすいことも利点といえます。

サンプル CSS の概要

　このサンプルの XHTML と CSS は、とてもシンプルなものです。メインコンテンツである画像部分は、基本的には幅が固定されている領域にインラインの画像を流し込んでいるだけです。つまり、画像は単純に横に並べて配置され、幅に収まらなくなったら改行して次の行に配置するというように表示されています。ただし、画像については余白や枠線、行間、縦位置などを細かく設定して、画像と画像の間隔がどれも同じになるようにしています。また、Windows 版の Internet Explorer 5.5 以前では img 要素にパディングが適用されないため、「ie5win.css」でパディングの代わりにマージンで間隔を調整するように上書き指定をしています。

　ページ右上方にあるナビゲーション部分は、ここまでに紹介してきたものと同様のパターンになっています。まず、リストのマーカーを消し、text-indent で負の値を指定して項目内のテキストを消します。そして、項目内の a 要素をブロックレベルに変換して幅と高さを設定し、そこに背景画像としてタブの画像を絶対配置で表示させています。ナビゲーション下の"Chairs チェア"という見出し部分もテキストを背景画像に置き換えているのですが、ここでは絶対配置でテキストをウィンドウの外側に配置することで表示されないようにしています。

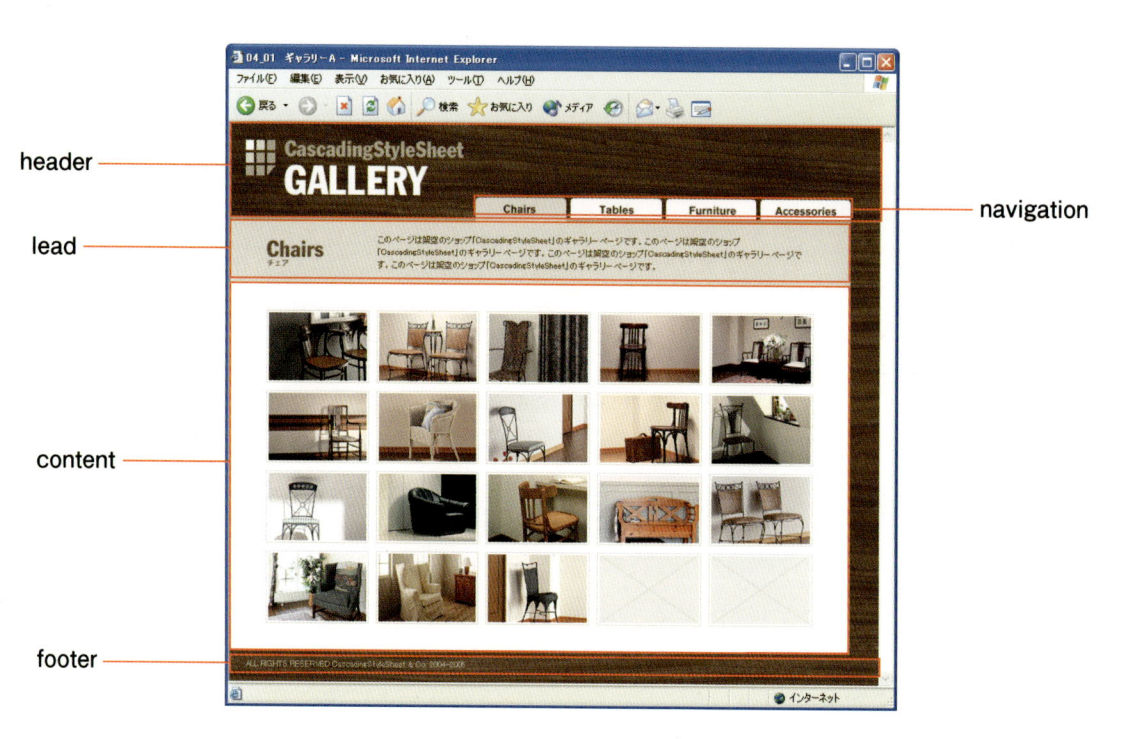

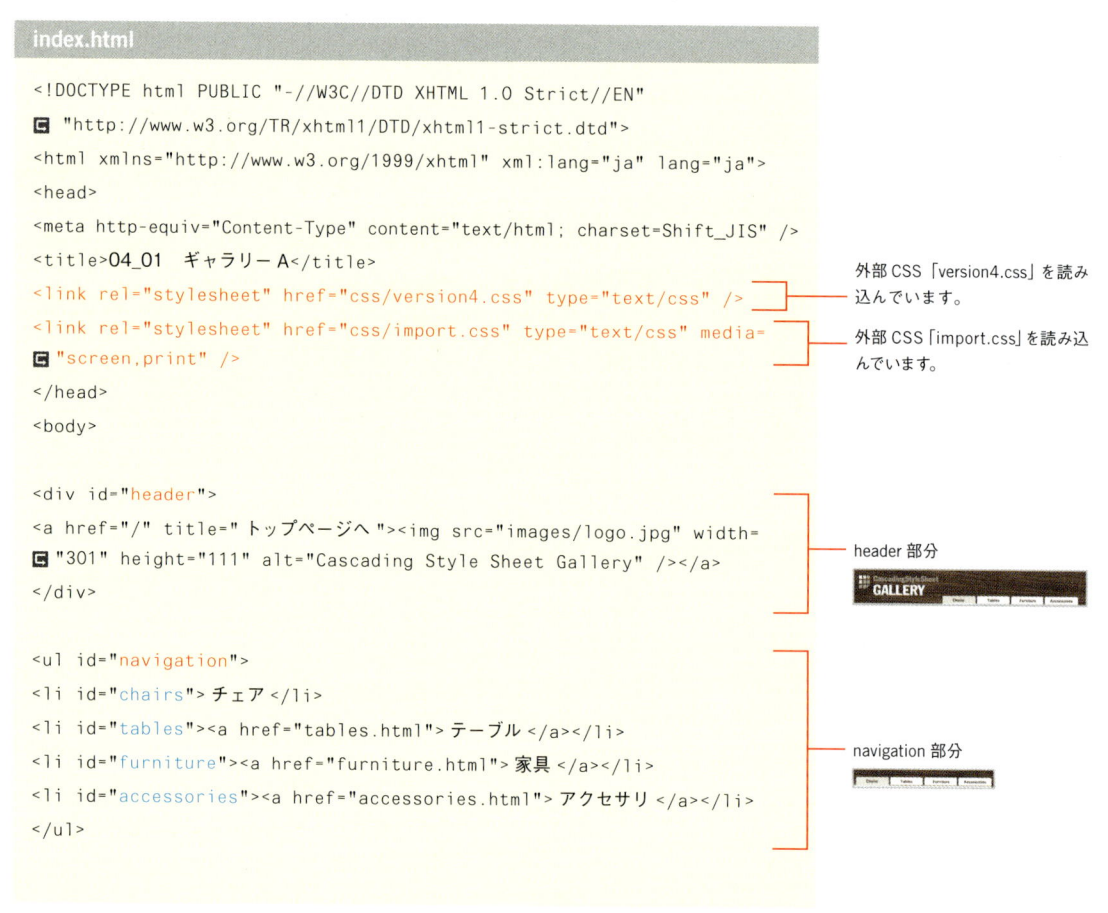

04　01　ギャラリー型 >> ギャラリー A

- header
- lead
- content
- footer

navigation

index.html

```
<!DOCTYPE html PUBLIC "-//W3C//DTD XHTML 1.0 Strict//EN"
 "http://www.w3.org/TR/xhtml1/DTD/xhtml1-strict.dtd">
<html xmlns="http://www.w3.org/1999/xhtml" xml:lang="ja" lang="ja">
<head>
<meta http-equiv="Content-Type" content="text/html; charset=Shift_JIS" />
<title>04_01　ギャラリー A</title>
<link rel="stylesheet" href="css/version4.css" type="text/css" />
<link rel="stylesheet" href="css/import.css" type="text/css" media=
 "screen,print" />
</head>
<body>

<div id="header">
<a href="/" title="トップページへ"><img src="images/logo.jpg" width=
 "301" height="111" alt="Cascading Style Sheet Gallery" /></a>
</div>

<ul id="navigation">
<li id="chairs">チェア</li>
<li id="tables"><a href="tables.html">テーブル</a></li>
<li id="furniture"><a href="furniture.html">家具</a></li>
<li id="accessories"><a href="accessories.html">アクセサリ</a></li>
</ul>
```

外部 CSS「version4.css」を読み込んでいます。

外部 CSS「import.css」を読み込んでいます。

header 部分

navigation 部分

04 01 ギャラリー型 >> ギャラリー A

```html
<h1>チェア</h1>
<p id="lead">
このページは架空のショップ「CascadingStyleSheet」のギャラリーページです。このページは架空のショップ「CascadingStyleSheet」のギャラリーページです。このページは架空のショップ「CascadingStyleSheet」のギャラリーページです。このページは架空のショップ「CascadingStyleSheet」のギャラリーページです。
</p>

<div id="content">
<a href="c01.html"><img src="images/chairs/c01.jpg" width="120" height="80" alt="チェア01" /></a><a href="c02.html"><img src="images/chairs/c02.jpg" width="120" height="80" alt="チェア02" /></a><a href="c03.html"><img src="images/chairs/c03.jpg" width="120" height="80" alt="チェア03" /></a><a href="c04.html"><img src="images/chairs/c04.jpg" width="120" height="80" alt="チェア04" /></a><a href="c05.html"><img src="images/chairs/c05.jpg" width="120" height="80" alt="チェア05" /></a><a href="c06.html"><img src="images/chairs/c06.jpg" width="120" height="80" alt="チェア06" /></a><a href="c07.html"><img src="images/chairs/c07.jpg" width="120" height="80" alt="チェア07" /></a><a href="c08.html"><img src="images/chairs/c08.jpg" width="120" height="80" alt="チェア08" /></a><a href="c09.html"><img src="images/chairs/c09.jpg" width="120" height="80" alt="チェア09" /></a><a href="c10.html"><img src="images/chairs/c10.jpg" width="120" height="80" alt="チェア10" /></a><a href="c11.html"><img src="images/chairs/c11.jpg" width="120" height="80" alt="チェア11" /></a><a href="c12.html"><img src="images/chairs/c12.jpg" width="120" height="80" alt="チェア12" /></a><a href="c13.html"><img src="images/chairs/c13.jpg" width="120" height="80" alt="チェア13" /></a><a href="c14.html"><img src="images/chairs/c14.jpg" width="120" height="80" alt="チェア14" /></a><a href="c15.html"><img src="images/chairs/c15.jpg" width="120" height="80" alt="チェア15" /></a><a href="c16.html"><img src="images/chairs/c16.jpg" width="120" height="80" alt="チェア16" /></a><a href="c17.html"><img src="images/chairs/c17.jpg" width="120" height="80" alt="チェア17" /></a><a href="c18.html"><img src="images/chairs/c18.jpg" width="120" height="80" alt="チェア18" /></a><img src="images/chairs/c99.jpg" width="120" height="80" alt="" /><img src="images/chairs/c99.jpg" width="120" height="80" alt="" />
</div>

<p id="footer">
<span>All rights reserved</span> CascadingStyleSheet &amp; Co. 2004-2005
</p>

</body>
</html>
```

― lead 部分

― content 部分

― footer 部分

04　01　ギャラリー型 >> ギャラリーA

version4.css

```css
@charset "Shift_JIS";

body {
  color: #000000;
  background: #ffffff;
}
a img {
  border: none;
  color: #ffffff;
  background: transparent;
}
```

Netscape Navigator 4.x と Internet Explorer 4.0 向けの指定です。ページ全体の文字色と背景色を設定し、リンクした画像の周りに表示される枠線を消しています。

import.css

```css
@charset "Shift_JIS";

@import "base.css";

@media tty {
 i{content:"¥";/*" "*/}} @import 'ie5win.css'; /*";}
}/* */
```

通常の方法で「base.css」を読み込んだ後に Internet Explorer 5.0 と 5.5 だけが読み込む裏ワザを使って「ie5win.css」を読み込んでいます。こうしておくことで、Internet Explorer 5.0 と 5.5 で問題が発生した場合には、「ie5win.css」内で必要な値を上書きして修正できます。

base.css

```css
@charset "Shift_JIS";

/* ページ全体
------------------------------------------------ */
body {
  margin: 0;
  padding: 0;
  color: #ffffff;
  background: #653818 url(../images/back.jpg);
}

/* ヘッダ
------------------------------------------------ */
#header img {
  vertical-align: bottom;
}

/* ナビゲーション
------------------------------------------------ */
ul#navigation {
```

body 要素のマージンとパディングを「0」に設定し、以下の背景画像を指定しています。

インライン要素である画像の下に隙間ができないように、「vertical-align: bottom;」を指定しています。

04 | 01 ギャラリー型 >> ギャラリー A

```css
    position: relative;
    margin: 0;
    padding: 0;
    list-style: none;
}
ul#navigation li {
    position: absolute;
    top: -25px;
    display: block;
    width: 110px;
    height: 28px;
    margin: 0;
    padding: 0;
    text-indent: -9999px;
}
ul#navigation li#chairs {
    left: 301px;
    background: url(../images/tab-c.gif) no-repeat;
}
ul#navigation li#tables {
    left: 416px;
    background: url(../images/tab-t.gif) no-repeat;
}
ul#navigation li#furniture {
    left: 531px;
    background: url(../images/tab-f.gif) no-repeat;
}
ul#navigation li#accessories {
    left: 646px;
    background: url(../images/tab-a.gif) no-repeat;
}
ul#navigation a {
    display: block;
    width: 110px;
    height: 28px;
    text-decoration: none;
}

/* 見出し・リード
------------------------------------------------ */
h1 {
    position: absolute;
    left: -999px;
    width: 990px;
}
#lead {
```

まず、ul 要素を position プロパティで相対配置に設定します。これで、中に含まれる要素を絶対配置する際の基準ボックスとなります。次に、li 要素を絶対配置に設定し、すべて同じ縦位置を指定しておきます。li 要素内のテキストは負のインデントで表示されないようにします。

次に、絶対配置した li 要素の横位置と背景画像をそれぞれに合わせて指定します。

li 要素内の a 要素をブロックレベルに変換し、幅と高さを設定します。これで、a 要素のボックス全体がリンクとして反応するようになります。

h1 要素の内容であるテキストを絶対配置でウィンドウの左外側に配置して、表示されないようにしています。「display: none;」で表示を消すと一部の音声ブラウザで読み上げられなくなるため、この方法を使っています。

04 | 01　ギャラリー型 >> ギャラリー A

```css
  margin: 0;
  padding: 1.5em 45px 1.5em 180px;
  border-top: 3px solid #b8a68a;
  width: 531px;
  line-height: 1.5;
  font-size: x-small;
  color: #653818;
  background: #e0d8cb url(../images/heading1.gif) left no-repeat;
}
```

lead 部分の背景色を指定し、h1 要素の内容を画像にしたものを背景画像として表示させています。

```css
/* コンテンツ
---------------------------------------------------- */
#content {
  padding: 32px 36px 23px 45px;
  width: 675px;
  line-height: 95px;
  color: #653818;
  background: #ffffff;
}
#content img {
  margin-right: 9px;
  margin-bottom: 9px;
  padding: 2px;
  border: 1px solid #e0d8cb;
  vertical-align: bottom;
}
```

content 部分の幅と余白などを設定しています。中に表示する画像は、インラインのまま流し込まれます。

content 内の img 要素のマージン、パディングを調整し、画像の周りに枠が表示されるようにしています。また、インライン要素である画像の下に隙間ができないように、「vertical-align: bottom;」を指定しています。

```css
/* フッタ
---------------------------------------------------- */
#footer {
  margin: 0;
  padding: 1em 2em;
  font-size: x-small;
  color: #b8a68a;
  background: transparent;
}
#footer span {
  text-transform: uppercase;
}
```

フッタのテキストを設定しています。XHTML 上で単語のアルファベットをすべて大文字にしてしまうと、音声ブラウザなどの環境で正しく読み上げられなくなる可能性があります。そのため、span 要素内のテキストは、CSS の text-transform プロパティを使って大文字に変換して表示させています。

04　01　ギャラリー型 >> ギャラリー A

ie5win.css

```css
@charset "Shift_JIS";

/* 見出し・リード
-------------------------------------------------- */
#lead {
    width: 756px;
}

/* コンテンツ
-------------------------------------------------- */
#content {
    padding-top: 36px;
    width: 756px;
}
#content img {
    margin-right: 13px;
    margin-bottom: 13px;
}
```

Internet Explorer 5.x では、width プロパティにはパディングも含めた値を指定する必要があります。そのため、必要な値をここで上書き指定しています。また、Internet Explorer 5.x では img 要素にパディングは適用されないため、その代わりとなる余白をマージンで設定しています。

| 04 | 01 | ギャラリー型 >> ギャラリー A |

応用編

アクセントをつけてページの印象を変える

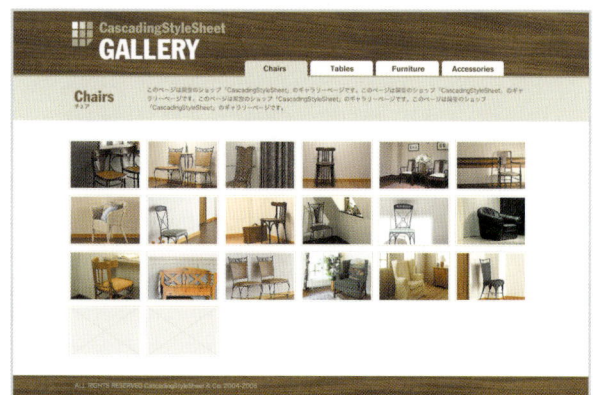

カスタマイズのポイント

- ボックスの一角を角丸にしてみる
- センター合わせの表示にしてみる

#1　ボックスに角丸を使用することで、ページにやわらかい印象を与える

ページの印象をやわらかく

　四角いボックスの組み合わせによるページデザインはときに硬いイメージを与えることがあります。サイトの内容によってはやわらかい印象を与えるためにアクセントとして角丸を利用することが効果的な場合もあります。

　角を丸くするには画像を利用する必要がありますが、CSSで各要素に対して設定できる背景画像はひとつだけです。縦横ともにサイズが固定されたボックスに対してはすべて角丸の背景画像を使用すればよいのですが、サイズが可変のボックスを角丸にするには少し工夫が必要となってきます。

　ここではまずボックスの右下部分に角丸を適用させ、ページの印象をやわらかくしてみましょう。

CAUTION

角丸には画像を利用する
mozillaには角を丸くするための独自拡張のCSSプロパティ「-moz-border-radius」があります。ただし厳密にはCSSでそのようなものは定義されていません。mozilla以外のブラウザでは使用できず、実験的なものといえるので、このような独自拡張プロパティを使用するのは避けた方がよいでしょう。

mozillaブラウザ上で「-moz-border-radius:20px;」を使用した例

04 | 01　ギャラリー型 >> ギャラリー A

背景画像を配置する

　角丸の画像（一角を丸くした背景用の画像）をサムネイルイメージを表示している白い可変ボックスの背景に配置します。「base.css」を開き下記のように設定してみましょう。またこの時、body の背景画像が透けるようにボックスの背景色設定は透明（transparent）にしておきます。

一角を丸くした背景用の画像（右下部分のみ拡大表示）
body の背景画像が透けて見えるように外側の部分を透過にした、大きめ画像を用意します。

もし body の背景が単色であれば、外側を body の背景色と同一にして内側をボックスの背景色、または透過にした小さいサイズの画像で作成することもできます。

base.css

```css
/*  コンテンツ
---------------------------------------------------- */
#content {
    padding: 32px 36px 23px 45px;
    width: 675px;
    line-height: 95px;
    color: #653818;
    background: url(../images/back-white.gif) right bottom no-repeat;
}
```

角を丸くした画像を背景に適用させる

角丸を適用した画面①
アクセントとして角丸を使用することで、ページにやわらかな印象を与えることができます。

別の方法で角丸ボックスを作成する

　角丸を使用するには、HTML に空の div を書き込み、そこに背景画像を配置していくという方法もあります。ただしこの div は装飾的なデザインのためだけのものであり、情報的には何の意味もありません。
　「index.html」と「base.css」にそれぞれ下記の記述を付け加えます。

| 04 | 01 | ギャラリー型 >> ギャラリーA |

index.html

```
～中略～
<img src="images/chairs/c99.jpg" width="120" height="80" alt="" />
</div>


<div id="roundcorner1"></div>


<p id="footer">
<span>All rights reserved</span> CascadingStyleSheet &amp; Co. 2004-2005
</p>
～中略～
```

角丸を配置したい箇所に空の div を書き加える

base.css

```
#roundcorner1 {
    width: 756px;
    height: 30px;
    background: url(../images/back-white.gif) bottom right no-repeat;
}
```

書き加えた div のプロパティに前出の角丸背景画像を適用させる

角丸を適用した画面②
位置が固定ではないので、サムネイルイメージの数が増減しても対応できます。

四隅が角丸のボックスを作成してみる

　上記の方法をさらに応用することで、四隅が角丸でなお縦横のサイズが可変のボックスを作成することも可能です。HTML 上でボックスの中に表示したい要素を挟むように、四隅それぞれに角丸の画像を配置するための空の div を 4 つ書き加えます。そしてそれぞれの表示位置に合わせた、たとえば右下ならば right,bottom のように、背景画像が表示されるよう CSS で調整しておきます。また、重なり順が一番下の div(ここでは"tl")には背景色などのボックス表示の設定を、一番上の div（ここでは"br"）にはボックス内に余白をもたせるために適切な padding サイズを設定しておきましょう。

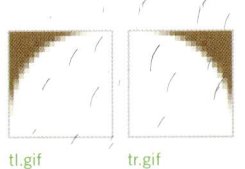

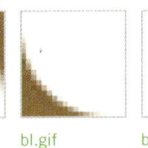

04 | 01 ギャラリー型 >> ギャラリー A

tl.gif　tr.gif　bl.gif　br.gif

四隅それぞれの角丸用画像
この画像をボックスの四隅にそれぞれ配置します。

sample.html

```
<div class="tl">
<div class="bl">
<div class="tr">
<div class="br">
四隅が角丸なボックスの表示例
</div>
</div>
</div>
</div>
```

角丸を適用させたい表示を挟むように、空の div を 4 つ書き加える

sample.css

```
.tl {
  color: #996633;
  text-align: center;
  background: #ffffff url(images/tl.gif) left top no-repeat;
}

.bl {
  background: url(images/bl.gif) left bottom no-repeat;
}

.tr {
  background: url(images/tr.gif) right top no-repeat;
}

.br {
  padding: 30px;
  background: url(images/br.gif) right bottom no-repeat;
}
```

左上の画像とボックス表示の設定。

左下の画像。

右上の画像。

右下の画像とボックス内の余白設定。

書き加えた div に対し、角丸の背景画像をそれぞれの位置に合わせ配置

04 | 01 ギャラリー型 >> ギャラリー A

サイズが可変な角丸のボックス
ただし body 背景を透けさせることができないので、body 背景は単色設定にしておきます。

#2 ブラウザのウィンドウサイズに左右されないレイアウトに

センター合わせのレイアウトに変更する

　簡単に印象を変える方法として、ページ全体をセンター合わせの表示にする方法もあります。

　通常、ブラウザでページを表示するとコンテンツは左寄せで表示されます。コンテンツの幅が狭いレイアウトのページを、ブラウザのウィンドウサイズを大きくして見た場合に、右側の余白が気になってしまうこともあるでしょう。しかし、必要以上にコンテンツの幅を広げすぎるのは、モニタサイズが小さいユーザーにとって不親切です。

　そこで、ページ全体をセンター合わせにすることで、ブラウザのウィンドウサイズが大きくなっても違和感のないレイアウトにできます。コンテンツの幅を固定しセンターに表示させることで左右の余白を生かしたレイアウトや、コンテンツの幅を％指定などにしてブラウザサイズに依存させたレイアウトも可能です。

　ここでは、コンテンツ要素をすべてセンター合わせにするだけでなく、ボックスの囲み（背景色）はブラウザのウィンドウサイズに合わせて幅いっぱいに表示させるようなページに変更してみます。

　まず「index.html」を開き、背景色をひきたい要素を囲むように div を付け加えます。

index.html

```
<div id="header-col">
～中略～
</div>

<div id="lead-col">
～中略～
</div>

<div id="content-col">
～中略～
</div>
```

04 | 01　ギャラリー型 >> ギャラリー A

```
<div id="footer-col">
〜中略〜
</div>
```
おおまかな要素ごとに div で囲む

次に「base.css」を開き、付け加えた div に対してそれぞれ背景色などを設定します。サイズを指定しないことでブラウザのウィンドウサイズいっぱいに色をつけた背景が適用されます。この時、重複してしまう元から記述してある背景色などの設定は削除しておきましょう。

- #header-col
- #lead-col
- #content-col
- #footer-col

ボックスの背景色が横いっぱいに適用された画面
今回は大きくこの 4 つの要素にまとめ、それぞれをセンター合わせの表示に設定します。

あとは、要素にそれぞれ横幅のサイズ指定をし、左右の margin を「auto」にすることでセンター合わせの表示にしましょう。

```css
/* ヘッダ
-------------------------------------------------- */
#header-col {
  margin: 0 auto;
  width: 800px;
}

〜中略〜
```

04　01　ギャラリー型 >> ギャラリー A

```css
/* 見出し・リード
---------------------------------------------------- */
#lead-col {
  border-top: 3px solid #b8a68a;
  background: #e0d8cb;
}
#lead {
  margin: 0 auto;
  width: 660px;
  padding: 1.5em 10px 1.5em 130px;
  line-height: 1.5;
  font-size: x-small;
  color: #653818;
  background: #e0d8cb url(../images/heading2.gif) left no-repeat;
}

～中略～


/* コンテンツ
---------------------------------------------------- */
#content-col {
  background: #ffffff;
}
#content {
  margin: 0 auto;
  width: 810px;
  padding: 32px 0px 23px;
}

～中略～


/* フッタ
---------------------------------------------------- */
#footer-col {
  margin: 0 auto;
  width: 810px;
}

～中略～
```

表示位置を調整するために画像を変更しています。

センター合わせの設定をしつつ、要素の表示位置、サイズなどをそれぞれ調整

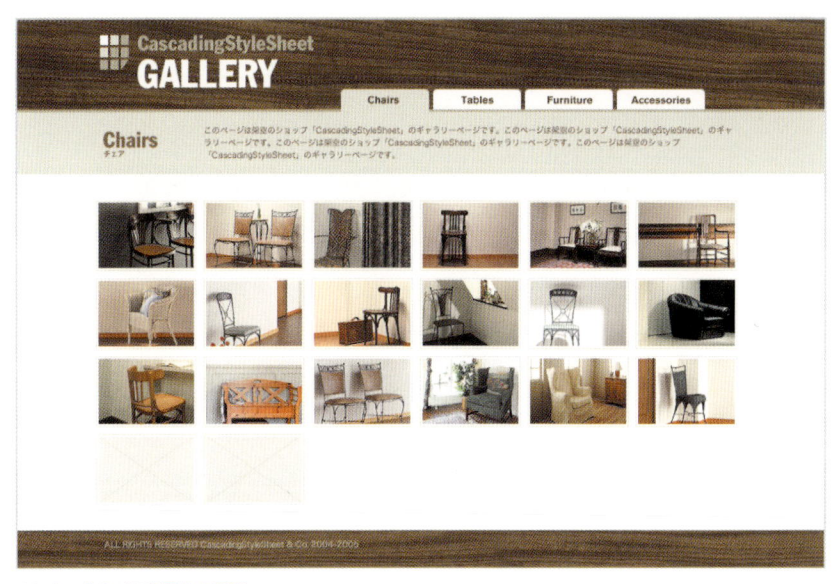

04 | 01 | ギャラリー型 >> ギャラリー A

センター合わせに変更した画面
背景色をブラウザサイズいっぱいに表示させることで、左右の余白を意識したセンター合わせのレイアウトになります。

04 | 02 ギャラリー型 ギャラリーB

基本編

サブメニューを表示した、ギャラリー型のコンテンツページ

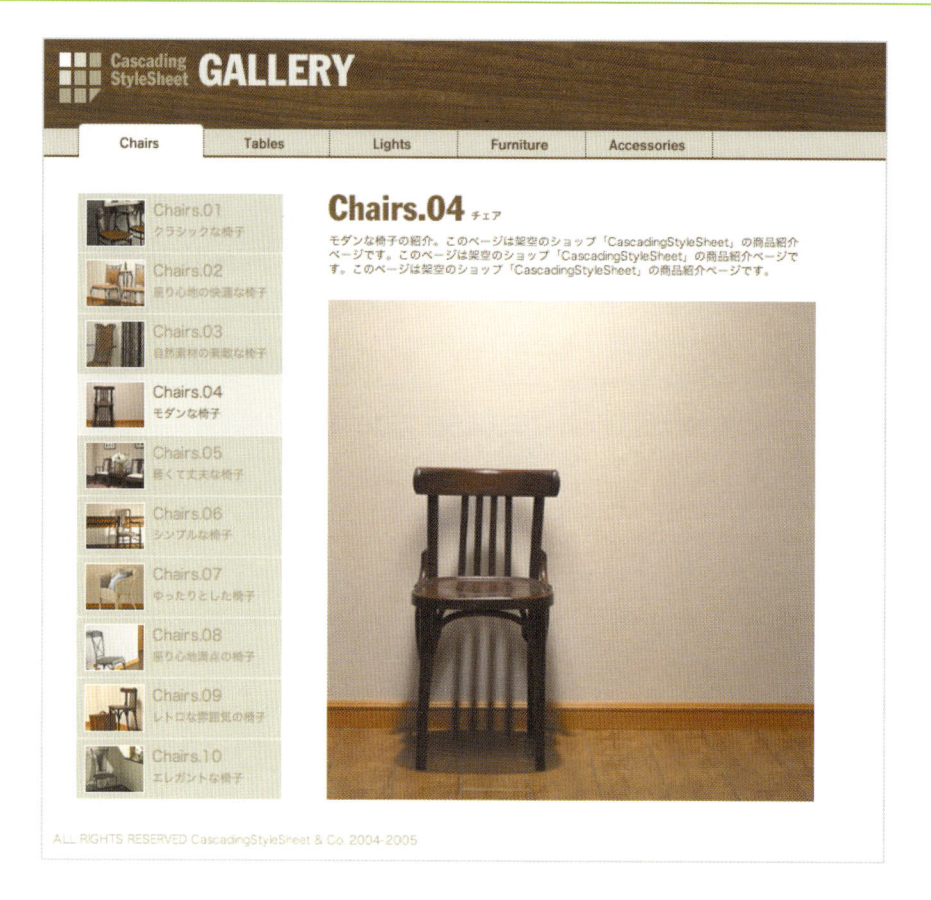

用途
・作品などの紹介ページ
・テキストを主体としたページ

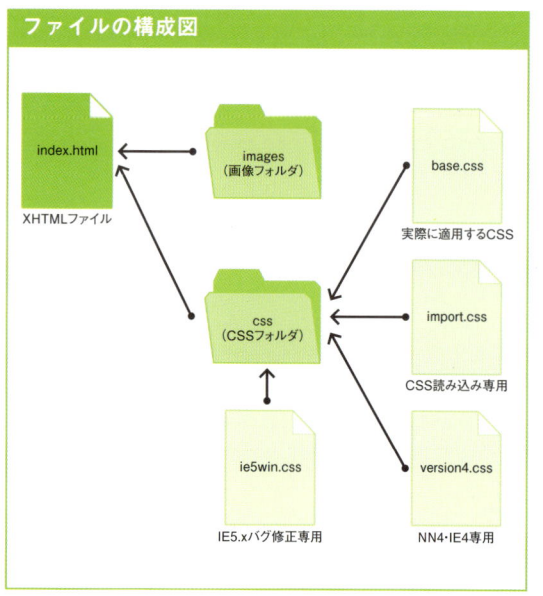

ファイルの構成図

- index.html — XHTMLファイル
- images（画像フォルダ）
- css（CSSフォルダ）
- base.css — 実際に適用するCSS
- import.css — CSS読み込み専用
- ie5win.css — IE5.xバグ修正専用
- version4.css — NN4・IE4専用

| 04 | 02 | ギャラリー型 >> ギャラリー B |

レイアウトとデザイン

　04_02 では、メインとなるイメージ画像と解説文を表示したギャラリー型のコンテンツページについて解説していきます。

　上部にサイトのタイトルやカテゴリーメニューなどを配置します。メインイメージの横にはサムネイルイメージと簡単な説明文付きのサブメニューも表示し、イメージ点数の多いギャラリーサイトのコンテンツページでも一覧性を高く、ページ移動を容易にしています。

　またサブメニューにおいて、表示しているページの項目に変化を与えることにより現在どのページを見ているのかを明確に表現し、ユーザーに混乱が生じないよう配慮しています。

　メインイメージを配置しているスペースには、写真以外に、長めの文章などを配置することでテキスト主体のページとして使用することもできます。その場合、サブメニューなどのデザインをシンプルなものにすることで印象を変えることができます。応用編ではその点について具体的に解説します。

サンプル CSS の概要

　このサンプルは、ヘッダ部分はウィンドウの幅に応じて伸縮しますが、コンテンツ部分の幅は固定になっています。幅が固定なので 2 段組にするにもさまざまなパターンが使えます。このサンプルには比較的長めのメニュー（左の段）があるので、XHTML 上ではそれよりも先にメインコンテンツを配置した方がアクセシビリティが高くなります。そのため、このサンプルではメインコンテンツに「float: right;」、左のメニューには「float: left;」を指定する方式を使って 2 段組にしています。

　メニューの各項目内のフォントはサイズを可変にしてあるので、必要に応じてボックスの高さが伸縮するように各項目の高さは min-height プロパティで指定しています。しかし、Internet Explorer は min-height プロパティには対応していないので、裏ワザを使って height プロパティで高さを設定しています。

　また、Internet Explorer 5.x でフォントサイズを「small」や「x-small」などのキーワードで指定すると、指定した値よりも一段階大きく表示されます。そのため、「ie5win.css」で一段階小さいサイズを上書き指定して調整しています。

| 04 | 02 | ギャラリー型 >> ギャラリー B |

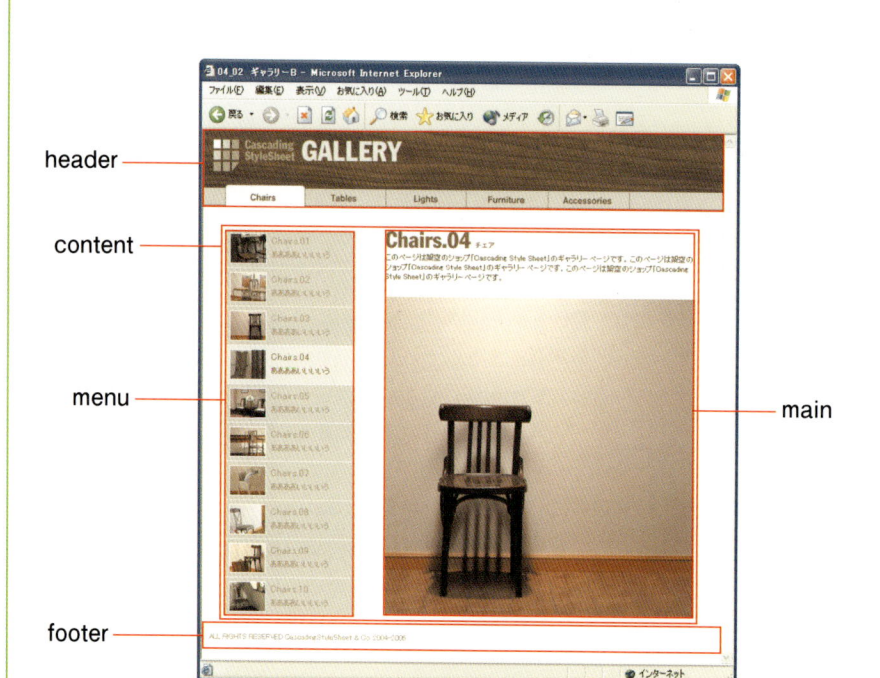

header
content
menu
main
footer

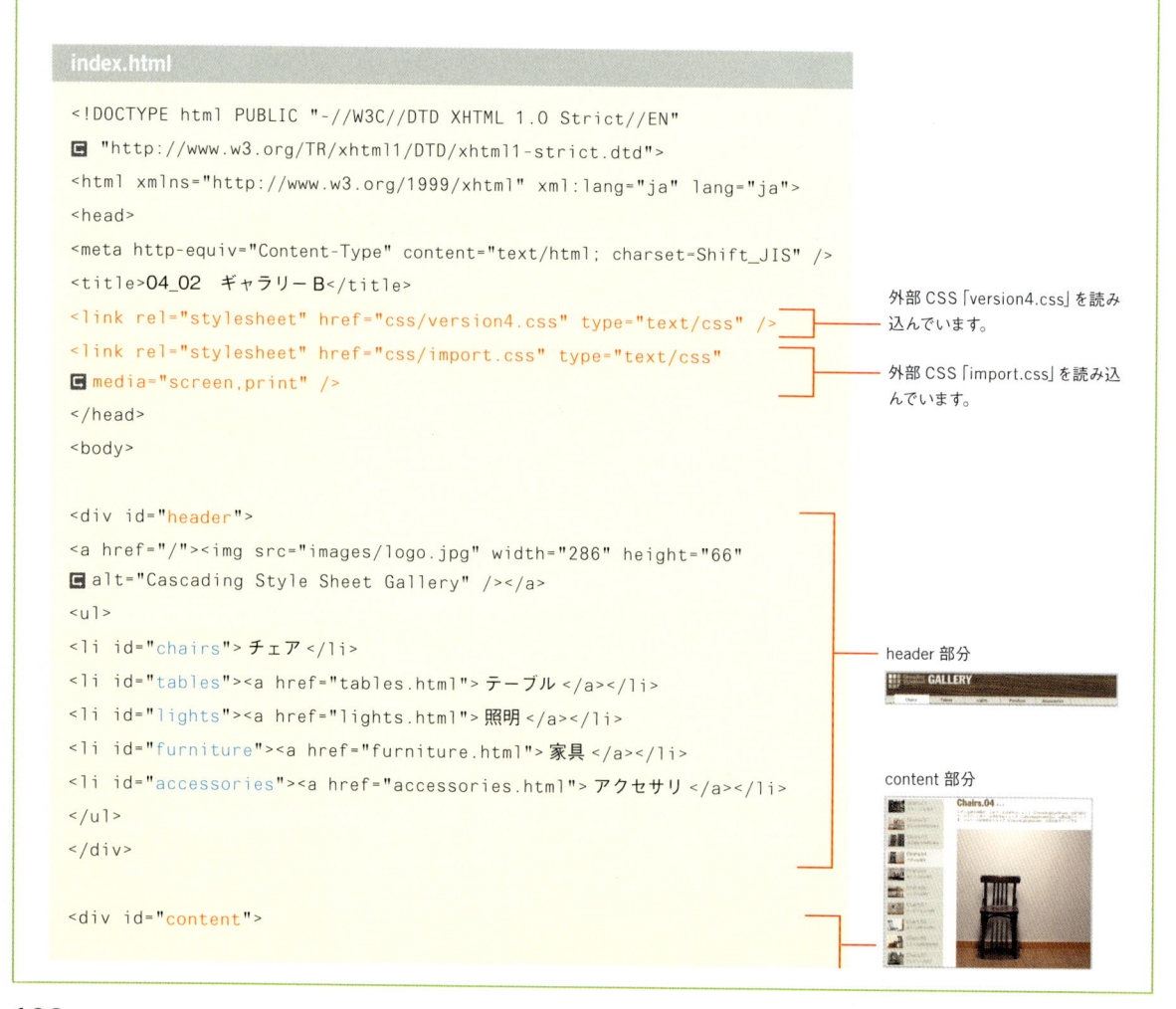

index.html

```
<!DOCTYPE html PUBLIC "-//W3C//DTD XHTML 1.0 Strict//EN"
 "http://www.w3.org/TR/xhtml1/DTD/xhtml1-strict.dtd">
<html xmlns="http://www.w3.org/1999/xhtml" xml:lang="ja" lang="ja">
<head>
<meta http-equiv="Content-Type" content="text/html; charset=Shift_JIS" />
<title>04_02　ギャラリーB</title>
<link rel="stylesheet" href="css/version4.css" type="text/css" />
<link rel="stylesheet" href="css/import.css" type="text/css"
 media="screen,print" />
</head>
<body>

<div id="header">
<a href="/"><img src="images/logo.jpg" width="286" height="66"
 alt="Cascading Style Sheet Gallery" /></a>
<ul>
<li id="chairs">チェア</li>
<li id="tables"><a href="tables.html">テーブル</a></li>
<li id="lights"><a href="lights.html">照明</a></li>
<li id="furniture"><a href="furniture.html">家具</a></li>
<li id="accessories"><a href="accessories.html">アクセサリ</a></li>
</ul>
</div>

<div id="content">
```

外部 CSS「version4.css」を読み込んでいます。

外部 CSS「import.css」を読み込んでいます。

header 部分

content 部分

138

04 | 02　ギャラリー型 >> ギャラリー B

```html
<div id="main">
<h1><img src="images/c04-logo.gif" width="149" height="23" alt="チェア04" /></h1>
<p>
モダンな椅子の紹介。このページは架空のショップ「CascadingStyleSheet」の商品紹介ページです。このページは架空のショップ「CascadingStyleSheet」の商品紹介ページです。このページは架空のショップ「CascadingStyleSheet」の商品紹介ページです。
</p>
<div>
<img src="images/c04-large.jpg" width="420" height="420" alt="チェア04の写真" />
</div>
</div>


<!-- IE6で隙間ができないように意図的に改行を削除してあります -->
<ul id="menu">
<li id="c01"><a href="c01.html">Chairs.01<span> クラシックな椅子 </span></a></li><li id="c02"><a href="c02.html">Chairs.02<span> 座り心地の快適な椅子 </span></a></li><li id="c03"><a href="c03.html">Chairs.03<span> 自然素材の素敵な椅子 </span></a></li><li id="c04">Chairs.04<span> モダンな椅子 </span></li><li id="c05"><a href="c05.html">Chairs.05<span> 軽くて丈夫な椅子 </span></a></li><li id="c06"><a href="c06.html">Chairs.06<span> シンプルな椅子 </span></a></li><li id="c07"><a href="c07.html">Chairs.07<span> ゆったりとした椅子 </span></a></li><li id="c08"><a href="c08.html">Chairs.08<span> 座り心地満点の椅子 </span></a></li><li id="c09"><a href="c09.html">Chairs.09<span> レトロな雰囲気の椅子 </span></a></li><li id="c10"><a href="c10.html">Chairs.10<span> エレガントな椅子 </span></a></li></ul>

</div>    <!-- content 終了 -->

<p id="footer">
<span>All rights reserved</span>　CascadingStyleSheet &amp; Co. 2004-2005
</p>

</body>
</html>
```

main 部分

menu 部分

footer 部分

04 02 ギャラリー型 >> ギャラリー B

version4.css

```css
@charset "Shift_JIS";

body {
  color: #000000;
  background: #ffffff;
}
a img {
  border: none;
  color: #ffffff;
  background: transparent;
}
```

Netscape Navigator 4.x と Internet Explorer 4.0 向けの指定です。ページ全体の文字色と背景色を設定し、リンクした画像の周りに表示される枠線を消しています。

import.css

```css
@charset "Shift_JIS";

@import "base.css";

@media tty {
 i{content:"¥";/*" "*/}} @import 'ie5win.css'; /*";}
}/* */
```

通常の方法で「base.css」を読み込んだ後に Internet Explorer 5.0 と 5.5 だけが読み込む裏ワザを使って「ie5win.css」を読み込んでいます。こうしておくことで、Internet Explorer 5.0 と 5.5 で問題が発生した場合には、「ie5win.css」内で必要な値を上書きして修正できます。

base.css

```css
@charset "Shift_JIS";

/* ページ全体
-------------------------------------------------- */
body {
  margin: 0;
  padding: 0;
  color: #653818;
  background: #ffffff;
}

/* ヘッダ・ナビゲーション
-------------------------------------------------- */
#header {
  height: 100px;
  color: #653818;
  background: #ffffff url(../images/back-header.jpg) repeat-x;
}
#header ul {
  margin: 0;
```

body 要素のマージンとパディングを「0」に設定し、文字色と背景色を指定しています。

ヘッダ部分の高さを設定し、背景画像を横に繰り返して表示させています。

04 | 02　ギャラリー型 >> ギャラリー B

```css
    padding: 0;
    list-style: none;
}
#header li {
    position: absolute;
    top: 72px;
    display: block;
    margin: 0;
    padding: 0;
    width: 111px;
    height: 28px;
    text-indent: -9999px;
}
#header li a {
    text-decoration: none;
    display: block;
    width: 111px;
    height: 28px;
}
#header li#chairs {
    left: 30px;
    background: url(../images/nav.gif) 0 -28px no-repeat;
}
#header li#tables {
    left: 140px;
    background: url(../images/nav.gif) -110px 0 no-repeat;
}
#header li#lights {
    left: 250px;
    background: url(../images/nav.gif) -220px 0 no-repeat;
}
#header li#furniture {
    left: 360px;
    background: url(../images/nav.gif) -330px 0 no-repeat;
}
#header li#accessories {
    left: 470px;
    background: url(../images/nav.gif) -440px 0 no-repeat;
}

/* コンテンツ
-------------------------------------------------- */
#content {
    margin: 30px 0 0 30px;
    width: 640px;
}
```

ul 要素のマージンとパディングを「0」にし、さらに「list-style: none;」を指定してリストのマーカーを消しています。li 要素は絶対配置に設定され、この段階では縦位置だけが指定されています。li 要素内のテキストは負のインデントで表示されないようにします。

li 要素内の a 要素をブロックレベルに変換し幅と高さを設定します。これで、a 要素のボックス全体がリンクとして反応するようになります。

絶対配置した li 要素の横位置と背景画像を指定しています。背景画像には、どの li 要素にも同じ画像 (nav.gif) が指定されていますが、それぞれ表示位置をずらして必要な部分だけを表示させる仕組みになっています。

Chairs	Tables	Lights	Furniture	Accessories
Chairs	Tables	Lights	Furniture	Accessories

content 部分のマージンと幅を設定します。

04 | 02 | ギャラリー型 >> ギャラリー B

```css
#main {
    float: right;
    width: 420px;
}
#main h1 {
    margin: 0;
    font-size: small;
}
#main p {
    margin: 0.5em 0 2em;
    line-height: 1.3;
    font-size: x-small;
}

/* メニュー
-------------------------------------------------- */
ul#menu {
    margin: 0;
    padding: 0;
    float: left;
    width: 180px;
    list-style: none;
    color: #794c2c;
    background-color: #eee9e2;
}
ul#menu li {
    display: block;
    margin: 0;
    padding: 0;
    font-size: small;
}
ul#menu li span {
    display: block;
    font-size: x-small;
}
li#c01 a { background: url(../images/chairs/c01.jpg) 7px 5px no-repeat; }
li#c02 a { background: url(../images/chairs/c02.jpg) 7px 5px no-repeat; }
li#c03 a { background: url(../images/chairs/c03.jpg) 7px 5px no-repeat; }
li#c04   { background: url(../images/chairs/c04.jpg) 7px 5px no-repeat; }
li#c05 a { background: url(../images/chairs/c05.jpg) 7px 5px no-repeat; }
li#c06 a { background: url(../images/chairs/c06.jpg) 7px 5px no-repeat; }
li#c07 a { background: url(../images/chairs/c07.jpg) 7px 5px no-repeat; }
li#c08 a { background: url(../images/chairs/c08.jpg) 7px 5px no-repeat; }
li#c09 a { background: url(../images/chairs/c09.jpg) 7px 5px no-repeat; }
li#c10 a { background: url(../images/chairs/c10.jpg) 7px 5px no-repeat; }
ul#menu li a {
```

右の段である main に幅を設定し、「float: right;」で右に寄せて表示させます。

h1 要素の内容は「Chairs.04 チェア」という見出しの画像です。小さめのフォントサイズを指定しておかないと、ブラウザによっては画像の周りに隙間ができる場合があります。

左の段である menu に幅を設定し、「float: left;」で左に寄せて表示させます。マージンとパディングを「0」にし、さらに「list-style: none;」を指定してリストのマーカーを消します。

各 li 要素内の a 要素に背景画像として以下の画像を指定しています。

04 | 02　ギャラリー型 >> ギャラリー B

```css
    display: block;
    min-height: 40px;
    padding: 5px 7px 5px 66px;
    border-bottom: 1px dotted #ffffff;
    text-decoration: none;
    color: #aa8f78;
    background-color: #dcd3c5;
}
ul#menu li a:hover {
    color: #794c2c;
    background-color: #eee9e2;
}
ul#menu li#c04 {
    padding: 5px 7px 5px 66px;
    border-bottom: 1px dotted #ffffff;
    min-height: 40px;
}
ul#menu li#c10 a {
    border-bottom: none;
}

/* Hides from IE-mac ¥*/
* html ul#menu li a, * html ul#menu li {
    height: 40px;
    line-height: 1.5;
}
/* End hide from IE-mac */
/* line-height は li 間の隙間をなくするために指定 */

/* フッタ
-------------------------------------------------- */
#footer {
    clear: both;
    margin: 0;
    padding: 2em 1em 1em;
    font-size: x-small;
    color: #b8a68a;
    background: transparent;
}
#footer span {
    text-transform: uppercase;
}
```

各項目に含まれる a 要素をブロックレベルに変換して、a 要素のボックス全体がリンクとして反応するように設定しています。背景画像を表示させる領域はパディングとして確保しています。フォントサイズを大きくした時にボックスもそれに合わせて拡張されるように、高さは height プロパティではなく、min-height プロパティを使って最低限の高さとして設定しています。

Windows 版の Internet Explorer は min-height プロパティに対応していないため、裏ワザを使って height プロパティで高さを設定しています。

左右の段の float をクリアし、フッタのテキストを設定しています。XHTML 上で単語のアルファベットをすべて大文字にしてしまうと、音声ブラウザなどの環境で正しく読み上げられなくなる可能性があります。そのため、span 要素内のテキストは、CSS の text-transform プロパティを使って大文字に変換して表示させています。

04 | 02　ギャラリー型 >> ギャラリー B

ie5win.css

```css
@charset "Shift_JIS";



/* コンテンツ
-------------------------------------------------- */
#main p {
  font-size: xx-small;
}

/* メニュー
-------------------------------------------------- */
ul#menu li {
  font-size: x-small;
}
ul#menu li span {
  font-size: xx-small;
}
```

Internet Explorer 5.x でフォントサイズを「small」や「x-small」などのキーワードで指定すると、指定した値よりも一段階大きく表示されます。そのため、ここで一段階小さいサイズを上書き指定して調整しています。

04 02 ギャラリー型 >> ギャラリー B

応用編

テキスト主体のコンテンツページに変更する

カスタマイズのポイント

・メニュー項目の先頭に画像を付け加える
・長文の読みやすさを考慮した設定にしてみる

#1 サブメニューのデザインをシンプルに

シンプルな印象のサブメニューに

　ここでは、サンプルと同様のレイアウトを保ったまま、テキストを主体としたシンプルな印象のページに変更してみましょう。

　Web上で長い文章をレイアウトする時に気をつけたいのは、"読みやすさ"です。たとえば、ブラウザのデフォルトのままではテキストの行間が詰まりすぎているので、あまり読みやすいものではありません。CSSである程度の行間をとることで、Web上でも読みやすいテキストに設定することができます。

　また、ひとつの画面の中で長文のテキスト以外の要素が煩雑にたくさんある場合も、あまり読みやすいレイアウトとはいえません。そこで今回は、サンプルのサブメ

04 | 02 | ギャラリー型 >> ギャラリー B

ニューをある程度の機能性を保ったまま、シンプルなものへ変更してみましょう。

サブメニューの CSS を変更する

まずは、サブメニューに適用されている CSS を変更しシンプルな状態にしてみます。「index.html」と「base.css」をそれぞれ Dreamweaver で開き、サブメニューの部分を下記のように書き換えていきます。

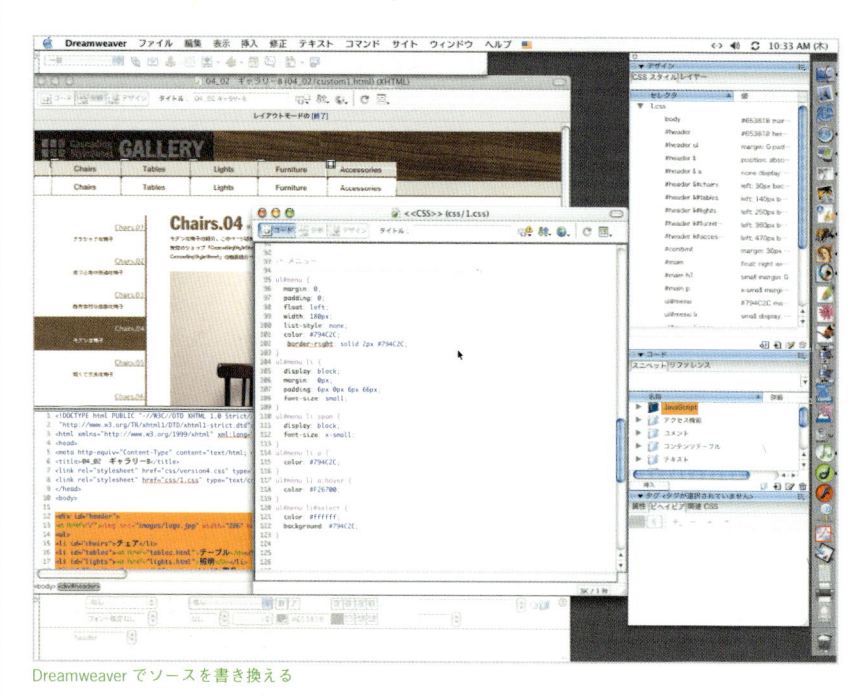

POINT

Web テキストの読みやすさ
行間以外にも、CSS でフォントサイズを設定しテキストを読みやすくすることも大切です。見た目のデザインを優先させるあまりにフォントサイズを小さく設定してしまうと可読性が低くなるので、ユーザーに配慮したサイズに設定しましょう。また、02_01 で解説している文字サイズの可変ボタンなども参考にしてください。

Dreamweaver でソースを書き換える

index.html

```
<ul id="menu">
<li id="c01"><a href="c01.html">Chairs.01</a><span> クラシックな椅子 </span></li>
<li id="c02"><a href="c02.html">Chairs.02</a><span> 座り心地の快適な椅子 </span></li>
<li id="c03"><a href="c03.html">Chairs.03</a><span> 自然素材の素敵な椅子 </span></li>
<li id="select">Chairs.04<span> モダンな椅子 </span></li>
<li id="c05"><a href="c05.html">Chairs.05</a><span> 軽くて丈夫な椅子 </span></li>
<li id="c06"><a href="c06.html">Chairs.06</a><span> シンプルな椅子 </span></li>
<li id="c07"><a href="c07.html">Chairs.07</a><span> ゆったりとした椅子 </span></li>
<li id="c08"><a href="c08.html">Chairs.08</a><span> 座り心地満点の椅子 </span></li>
<li id="c09"><a href="c09.html">Chairs.09</a><span> レトロな雰囲気の椅子 </span></li>
<li id="c10"><a href="c10.html">Chairs.10</a><span> エレガントな椅子 </span></li>
</ul>
```

リンク箇所を変更するため </a> の位置をそれぞれ変更

04 | 02 | ギャラリー型 >> ギャラリー B

base.css

```css
/* メニュー
-------------------------------------------------- */
ul#menu {
  margin: 0;
  padding: 0;
  float: left;
  width: 180px;
  list-style: none;
  color: #794C2C;
  border-right: solid 2px #794c2c;
}
ul#menu li {
  display: block;
  margin: 0px;
  padding: 6px 0px 6px 66px;
  font-size: small;
}
ul#menu li span {
  display: block;
  font-size: x-small;
}
ul#menu li a {
  color: #794c2c;
}
ul#menu li a:hover {
  color: #f26700;
}
ul#menu li#select {
  color: #ffffff;
  background: #794c2c;
}
```

CSSを書き換えてシンプルな表示に変更

装飾を排除しシンプルになったサブメニュー
同時にメインコンテンツのマージン設定も変更しています。

| 04 | 02 | ギャラリー型 >> ギャラリー B |

メニュー項目の先頭に画像を表示させる

次にサブメニューの各項目の先頭に画像を表示させますが、ここでは「list-style-image」プロパティでリストの項目画像としては指定せずに、背景画像として表示します。「list-style-image」で画像を指定すると、細かい位置の指定ができなかったり、テキストの行間設定などの影響でずれてしまうことがあります。これを避けるために画像を背景として位置を調整しつつ適用させましょう。

メニュー項目の先頭に表示させる画像

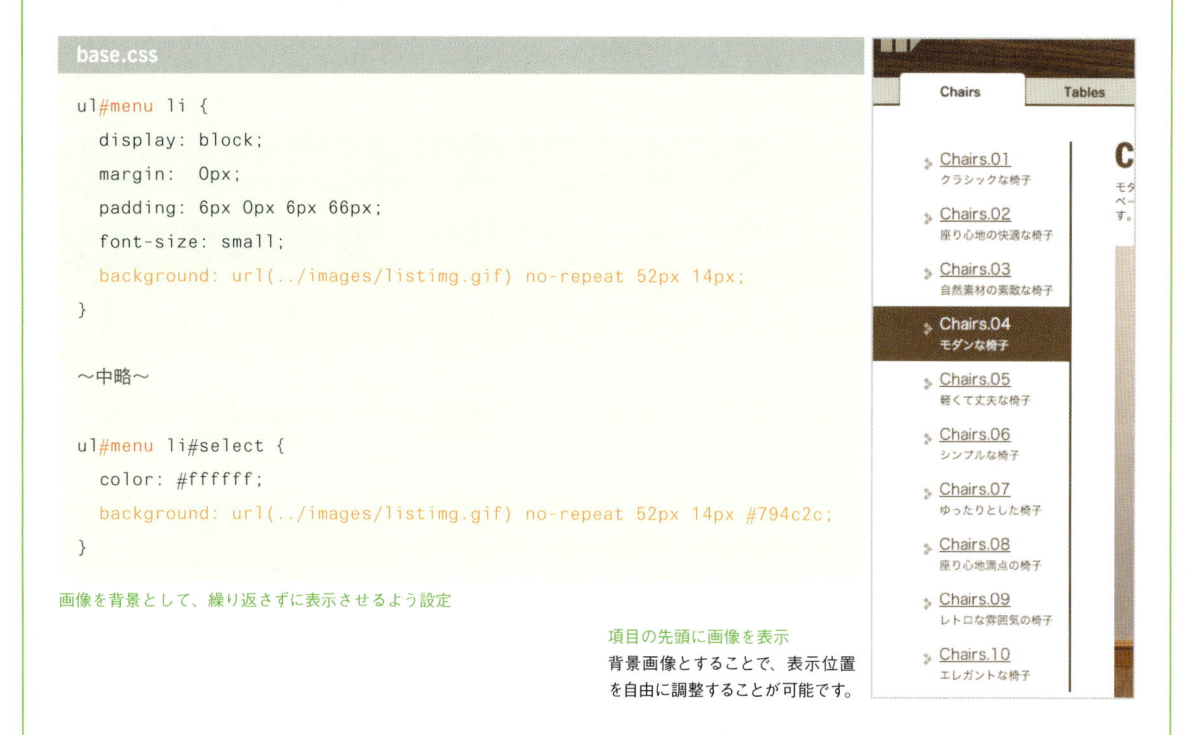

```css
base.css

ul#menu li {
  display: block;
  margin:  0px;
  padding: 6px 0px 6px 66px;
  font-size: small;
  background: url(../images/listimg.gif) no-repeat 52px 14px;
}

～中略～

ul#menu li#select {
  color: #ffffff;
  background: url(../images/listimg.gif) no-repeat 52px 14px #794c2c;
}
```

画像を背景として、繰り返さずに表示させるよう設定

項目の先頭に画像を表示
背景画像とすることで、表示位置を自由に調整することが可能です。

テキストリンクの下線を変更させる

テキストのリンクには通常、下線が表示されます。うるさく感じる場合などにはCSSで下線を消すことができますが、テキストとは別の色を指定したり太さを変えるなどといった指定はできません。しかしテキストのリンクに標準で表示される下線を「text-decoration」プロパティで消し「border-bottom」プロパティで表示する方法をとると、下線の色や種類、太さなどを指定することができます。実際にサブメニューのリンク下線のスタイルを変更し、見た目の印象を変えてみましょう。

04 | 02 ギャラリー型 >> ギャラリー B

base.css

```
ul#menu li a {
  text-decoration: none;
  color: #794c2c;
  border-bottom: solid 1px #dcd3c5;
}
ul#menu li a:hover {
  color: #ff3300;
  border-bottom: dotted 1px #ff9900;
}
```

リンクの下線色をテキストの色より若干薄く設定する

テキストリンクの下線を変更した例
「a:hover」にも設定が可能です。ここでは点線に設定してみました。

#2 | コンテンツ内容をテキストを主体としたページに

読みやすさを考慮した文字の設定

次にメインイメージを配置しているスペースを長めの文章に入れ換えてみます。Web 上で長い文章を読みやすくレイアウトするために、そのサイトの特性や雰囲気を考慮しつつ、フォントサイズと行間のバランスを調整していきましょう。

index.html

```
<div id="main">
<img src="images/chair4.jpg" border=0 width=183 height=183 alt="イメージ" id="chair">
<h1><img src="images/c04-logo.gif" width="149" height="23" alt="チェア04" /></h1>
<p>
モダンな椅子の紹介。このページは架空のショップ「Cascading Style Sheet」の商品紹介ページです。（中略）モダンな椅子の紹介。このページは架空のショップ「Cascading Style Sheet」の商品紹介ページです。
</p>
</div>
```

長めのテキストを書き込みつつ、写真の画像と表示位置を入れ換える

| 04 | 02 | ギャラリー型 >> ギャラリー B

base.css

```
#main p {
  margin: 2em 0;
  font-size: 13px;
  line-height: 1.4em;
}

#main img#chair {
  float: right;
  margin: 0em 0em 0.4em 0.4em;
}
```

画像の回り込みを設定します。

フォントの指定と同時に、画像の回り込みも設定する

テキスト主体のページに変更した例
可読性などを考慮し、読みやすいフォントサイズと行間に調整します。

CHAPTER 05
blog

CONTENTS

05_01　blog A
　　　基本編：サイドバーを左側に配置した、
　　　　　　　2段組のblogページ
　　　応用編：デザインや表示位置を変更すること
　　　　　　　で、違った印象にする

05_02　blog B
　　　基本編：サイドバーを左右に配置した、
　　　　　　　3段組のblogページ
　　　応用編：blogをさらにカスタマイズする

05　01　blog
blog A

基本編

サイドバーを左側に配置した、2段組のblogページ

用途
・表示項目があまり多くないblog

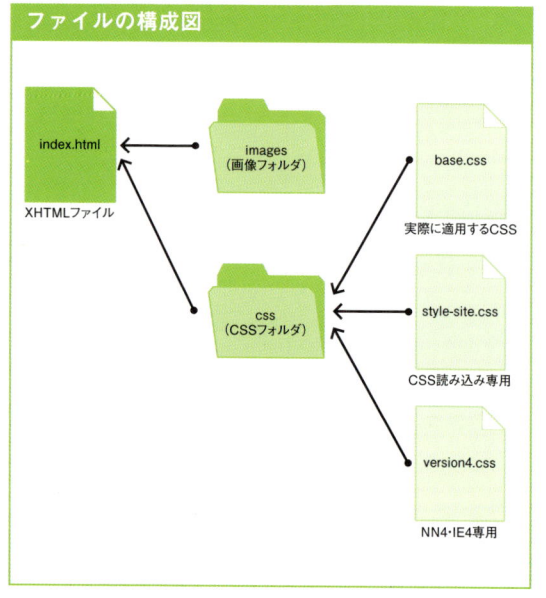

ファイルの構成図

- index.html（XHTMLファイル）
- images（画像フォルダ）
- css（CSSフォルダ）
  - base.css — 実際に適用するCSS
  - style-site.css — CSS読み込み専用
  - version4.css — NN4・IE4専用

152

05 01 blog >> blog A

レイアウトとデザイン

　blog（ブログ）とは、Web上の記録という意味を持つ「Web Log」を略した呼称ですが、厳密な定義というものはありません。現在では主に個人の日記や、ニュースクリップなど更新頻度の高い動的なページを総称してblogと呼ぶのが一般的です。ここでは現在一般的に広く流用している2段組スタイルのblogを例にとって解説していきます。

　今回のサンプルは各要素のボックスを意識したデザインになっています。

　左側にまとめて表示しているカレンダーや検索フォーム、アーカイブ、最新記事へのリンクなどを一般的にまとめて"サイドバー"と呼びます。サンプルではサイドバーの各項目をボックスにまとめて背景色を変えることで、見やすく整理しています。右側の各記事や日付け部分も同様にボックスとして背景色を変更することで、それぞれのボックスごとのまとまりを強調をしています。記事内の引用部分もボックスとして囲み、明確な差別化をはかっています。

　応用編では、各ボックスのデザインを変更することで印象の違ったblogページを作成します。また、タイトルやサイドバーの位置を入れ換える方法についても解説していきます。

POINT

blog
blogには、プロバイダーなどが提供するblogサービス（ココログやTypePadなど）や、サーバーインストール型のblogツール（Movable Typeなど）を使用する方法があります。特にMovable Typeは柔軟なカスタマイズや拡張性が高く、日本でも多くのユーザーが利用しています。ここで紹介するCSSやカスタマイズ方法などはMovable Typeにも十分に応用できるでしょう。

サンプルCSSの概要

　このサンプルのXHTMLには、Movable Typeのデフォルトテンプレートをそのまま使用しています。CSSを適用した状態で、左の段のidが「right」、右の段のidが「center」のようになっているのはそのためです。また、サンプル05_01と05_02に限っては、「import.css」の名前を「styles-site.css」に変更してありますので注意してください。

　全体的なページ構造としては、両方の段を囲むdiv要素の幅を固定して、右の段には「float: right;」、左の段には「float: left;」を指定する2段組の定番パターンになっています。ただし、ヘッダ的な位置づけのbanner部分を絶対配置にして左の段の上のマージンに配置し、右の段がページ最上部から表示されるようにしています。

　一般にblogではカレンダーが表示されますが、固定幅のレイアウトで文字サイズが変更できるようになっていると、Internet Explorerで表示が崩れる場合があります。たとえば、このサンプルで文字サイズを大きくすると、左の段は右の段の下に表示されてしまいます。それを避ける目的で、このサンプルのカレンダー部分については、フォントサイズをあえてピクセル単位で指定しています。

POINT

日本語版Movable Typeのダウンロード先は以下のURLです。
http://www.movabletype.jp

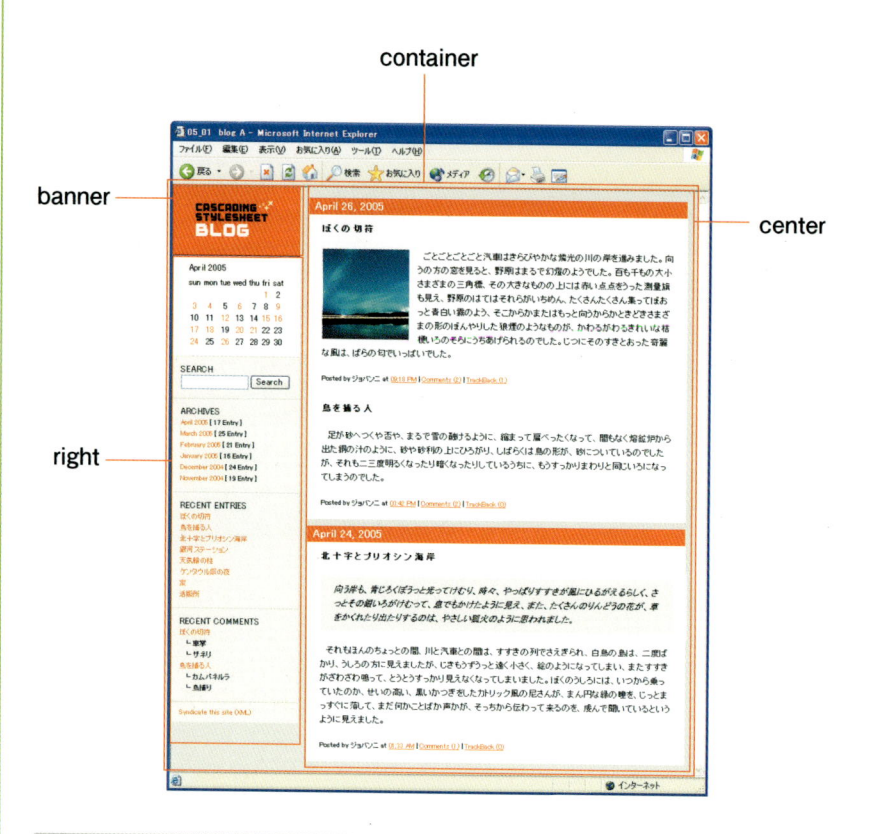

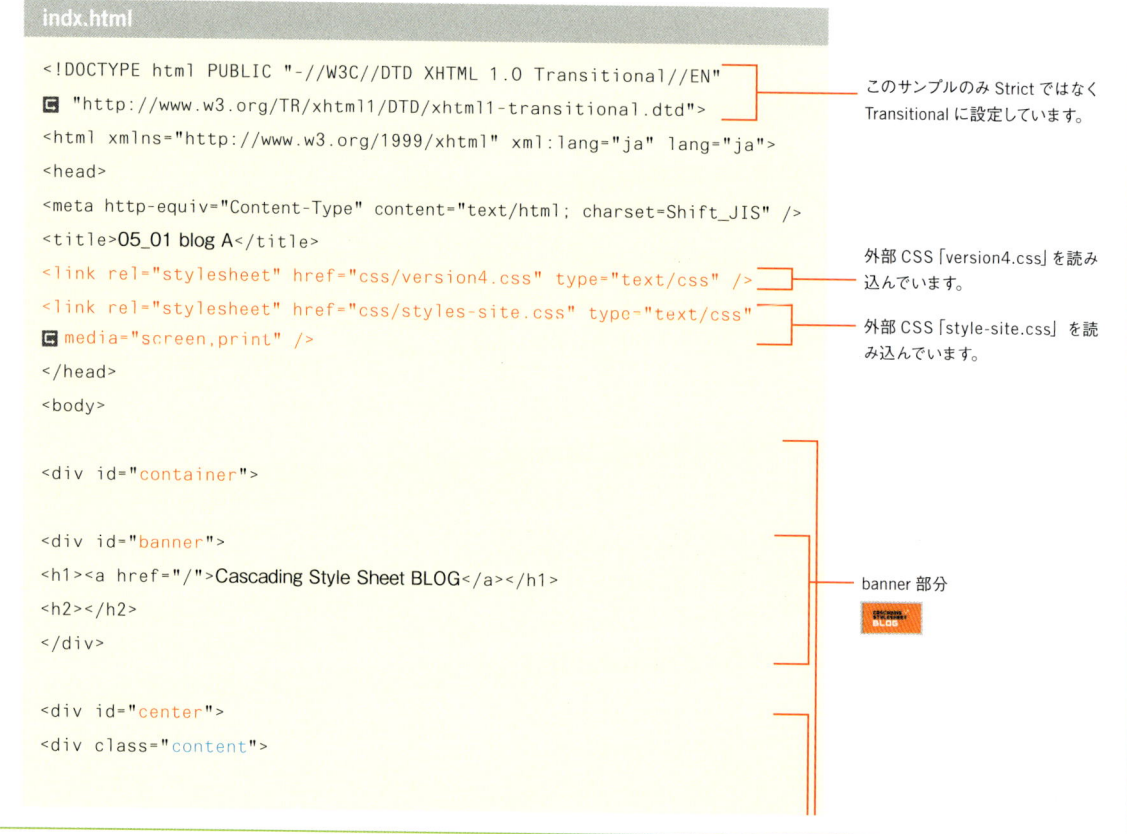

05　01　blog >> blog A

- container
- banner
- right
- center

indx.html

```html
<!DOCTYPE html PUBLIC "-//W3C//DTD XHTML 1.0 Transitional//EN"
 "http://www.w3.org/TR/xhtml1/DTD/xhtml1-transitional.dtd">
<html xmlns="http://www.w3.org/1999/xhtml" xml:lang="ja" lang="ja">
<head>
<meta http-equiv="Content-Type" content="text/html; charset=Shift_JIS" />
<title>05_01 blog A</title>
<link rel="stylesheet" href="css/version4.css" type="text/css" />
<link rel="stylesheet" href="css/styles-site.css" type="text/css"
 media="screen,print" />
</head>
<body>

<div id="container">

<div id="banner">
<h1><a href="/">Cascading Style Sheet BLOG</a></h1>
<h2></h2>
</div>

<div id="center">
<div class="content">
```

このサンプルのみ Strict ではなく Transitional に設定しています。

外部 CSS「version4.css」を読み込んでいます。

外部 CSS「style-site.css」を読み込んでいます。

banner 部分

05　01　blog >> blog A

```html
<h2>April 26, 2005</h2>

<h3>ぼくの切符</h3>

<p><img src="images/pic001.jpg" width="130" height="130" alt="" />ご
とごとごとごと汽車はきらびやかな燐光の川の岸を進みました。向うの方の窓を見ると、野
原はまるで幻燈のようでした。百も千もの大小さまざまの三角標、その大きなものの上には
赤い点点をうった測量旗も見え、野原のはてはそれらがいちめん、たくさんたくさん集って
ぼおっと青白い霧のよう、そこからかまたはもっと向うからかときどきさまざまの形のぼん
やりした狼煙のようなものが、かわるがわるきれいな桔梗いろのそらにうちあげられるので
した。じつにそのすきとおった奇麗な風は、ばらの匂でいっぱいでした。</p>

<p class="posted">Posted by ジョバンニ at <a href="">09:18 PM</a> | <a
href="">Comments (2) </a> | <a href="">TrackBack (1) </a></p>

<h3>鳥を捕る人</h3>

<p>足が砂へつくや否や、まるで雪の融けるように、縮まって扁べったくなって、間もなく
熔鉱炉から出た銅の汁のように、砂や砂利の上にひろがり、しばらくは鳥の形が、砂につい
ているのでしたが、それも二三度明るくなったり暗くなったりしているうちに、もうすっか
りまわりと同じいろになってしまうのでした。</p>

<p class="posted">Posted by ジョバンニ at <a href="">03:42 PM</a> | <a
href="">Comments (2) </a> | <a href="">TrackBack (0) </a></p>

<h2>April 24, 2005</h2>

<h3>北十字とプリオシン海岸</h3>

<blockquote>
<p>向う岸も、青じろくぼうっと光ってけむり、時々、やっぱりすすきが風にひるがえるら
しく、さっとその銀いろがけむって、息でもかけたように見え、また、たくさんのりんどう
の花が、草をかくれたり出たりするのは、やさしい狐火のように思われました。</p>
</blockquote>

<p>それもほんのちょっとの間、川と汽車との間は、すすきの列でさえぎられ、白鳥の島は、
二度ばかり、うしろの方に見えましたが、じきもうずうっと遠く小さく、絵のようになって
しまい、またすすきがざわざわ鳴って、とうとうすっかり見えなくなってしまいました。ぼ
くのうしろには、いつから乗っていたのか、せいの高い、黒いかつぎをしたカトリック風の
尼さんが、まん円な緑の瞳を、じっとまっすぐに落して、まだ何かことばか声かが、そっち
から伝わって来るのを、慎んで聞いているというように見えました。</p>

<p class="posted">Posted by ジョバンニ at <a href="">01:33 AM</a> | <a
href="">Comments (1) </a> | <a href="">TrackBack (0) </a></p>

</div>
```

container 部分

center 部分

| 05 | 01 | blog >> blog A |

```
</div>


<div id="right">
<div class="sidebar">
<div id="calendar">

<table>

～中略（カレンダー部分）～

</table>

</div>

<h2>search</h2>

<div class="link-note">
<form method="get" action="">
<input id="search" name="search" size="20" />
<input type="submit" value="Search" />
</form>
</div>

<h2>archives</h2>

<ul>
<li><a href="">April 2005</a> [ 17 Entry ]</li>
<li><a href="">March 2005</a> [ 25 Entry ]</li>
<li><a href="">February 2005</a> [ 21 Entry ]</li>
<li><a href="">January 2005</a> [ 16 Entry ]</li>
<li><a href="">December 2004</a> [ 24 Entry ]</li>
<li><a href="">November 2004</a> [ 19 Entry ]</li>
</ul>

<h2>recent entries</h2>

<ul>
<li><a href=""> ぼくの切符 </a></li>
<li><a href=""> 鳥を捕る人 </a></li>
<li><a href=""> 北十字とプリオシン海岸 </a></li>
<li><a href=""> 銀河ステーション </a></li>
<li><a href=""> 天気輪の柱 </a></li>
<li><a href=""> ケンタウル祭の夜 </a></li>
<li><a href=""> 家 </a></li>
<li><a href=""> 活版所 </a></li>
```

right 部分

05 | 01 | blog >> blog A

```html
</ul>

<h2>recent comments</h2>

<ul>
<li><a href="">ぼくの切符</a><br />
  └ 車掌 <br />
  └ ザネリ <br />
</li>
<li><a href="">鳥を捕る人</a><br />
  └ カムパネルラ <br />
  └ 鳥捕り <br />
</li>
</ul>

<div class="link-note">
<a href="">Syndicate this site（XML）</a>
</div>

</div>
</div>

<div style="clear: both;"> </div>

</div>

</body>
</html>
```

version4.css

```css
@charset "Shift_JIS";

body {
  color: #000000;
  background: #ffffff;
}
a img {
  border: none;
  color: #ffffff;
  background: transparent;
}
```

Netscape Navigator 4.x と Internet Explorer 4.0 向けの指定です。ページ全体の文字色と背景色を設定し、リンクした画像の周りに表示される枠線を消しています。

05 | 01 | blog >> blog A

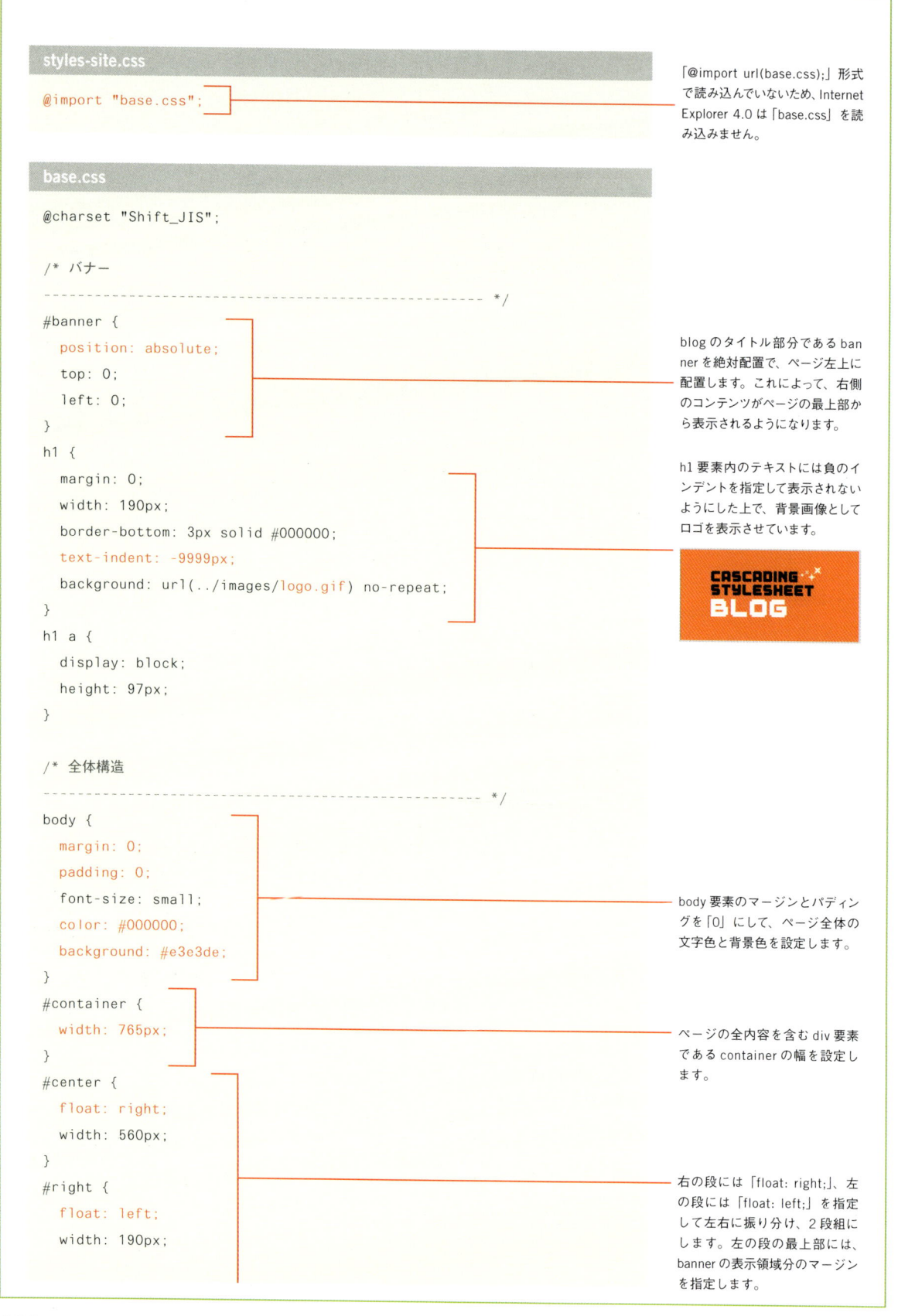

styles-site.css

```css
@import "base.css";
```

「@import url(base.css);」形式で読み込んでいないため、Internet Explorer 4.0 は「base.css」を読み込みません。

base.css

```css
@charset "Shift_JIS";

/* バナー
-------------------------------------------------- */
#banner {
  position: absolute;
  top: 0;
  left: 0;
}
h1 {
  margin: 0;
  width: 190px;
  border-bottom: 3px solid #000000;
  text-indent: -9999px;
  background: url(../images/logo.gif) no-repeat;
}
h1 a {
  display: block;
  height: 97px;
}

/* 全体構造
-------------------------------------------------- */
body {
  margin: 0;
  padding: 0;
  font-size: small;
  color: #000000;
  background: #e3e3de;
}
#container {
  width: 765px;
}
#center {
  float: right;
  width: 560px;
}
#right {
  float: left;
  width: 190px;
```

blog のタイトル部分である banner を絶対配置で、ページ左上に配置します。これによって、右側のコンテンツがページの最上部から表示されるようになります。

h1 要素内のテキストには負のインデントを指定して表示されないようにした上で、背景画像としてロゴを表示させています。

body 要素のマージンとパディングを「0」にして、ページ全体の文字色と背景色を設定します。

ページの全内容を含む div 要素である container の幅を設定します。

右の段には「float: right;」、左の段には「float: left;」を指定して左右に振り分け、2 段組にします。左の段の最上部には、banner の表示領域分のマージンを指定します。

05 | 01 | blog >> blog A

```css
    margin-top: 100px;
}

/* リンク
-------------------------------------------------- */
a:link {
  color: #ff3d00;
  background: transparent;
}
a:visited {
  color: #ff3d00;
  background: transparent;
}
a:hover, a:active {
  color: #ff3d00;
  background: transparent;
}

/* コンテンツ
-------------------------------------------------- */
.content {
  padding-top: 5px;
}
.content h2 {
  margin: 10px 0 0 0;
  padding: 0.2em 0.5em;
  font-size: medium;
  color: #ffffff;
  background: #ff3d00;
}
.content h3 {
  margin: 0;
  padding: 1em 20px;
  letter-spacing: 0.2em;
  font-size: small;
  color: #000000;
  background: #ffffff;
}
.content p {
  margin: 0;
  padding: 0.7em 20px;
  line-height: 1.5;
  color: #000000;
  background: #ffffff;
}
.content blockquote {
```

ページ全体のリンクの色を設定しています。

右の段に含まれる h2 要素 (年月日) と h3 要素 (エントリータイトル) の表示方法を設定しています。h3 要素には letter-spacing プロパティを指定して、文字間隔を標準状態よりも「0.2em」だけ広くしています。

右の段に含まれる p 要素 (エントリー内容) の表示方法を設定しています。

05　01　blog >> blog A

```css
    margin: 0;
    padding: 0.7em 0;
    font-style: italic;
    color: #000000;
    background: #ffffff;
}
.content blockquote p {
    margin: 0 20px;
    padding: 0.7em 1.4em;
    color: #000000;
    background: #f3f3ef;
}
.content img {
    float: left;
    margin: 0 1em 0.5em 0;
}
.content .posted {
    clear: both;
    padding: 1.0em 20px 1.6em;
    font-size: x-small;
}
.content .posted+h3 {
    border-top: 1px dotted #d9d9d3;
}

/* カレンダー
------------------------------------------------ */
#calendar {
    padding: 1em;
    color: #000000;
    background: #ffffff;
}
#calendar table {
    margin: 0 auto;
}
#calendar caption {
    text-align: left;
    font-size: small;
}
#calendar th, #calendar td {
    text-align: center;
    font-size: 12px;   /* ■IEでサイドバーが下に表示されることを防止 */
    font-weight: normal;
}

/* サイドバー
```

右の段に含まれるblockquote要素(引用文)の表示方法を設定しています。

エントリーに含まれる画像を左に寄せて、その横にテキストを回り込ませています。マージンで画像とテキストとの間隔も設定しています。

「Posted by～」の部分で回り込みを解除します。

カレンダーを表示させているテーブルの左右のマージンを「auto」にして、テーブルを中央に配置しています。

カレンダーのキャプションをtext-alignプロパティで左寄せにしています。

Internet Explorerでカレンダー部分のフォントサイズを大きくすると、左の段のボックスの幅が広くなってしまい、結果として左の段は右の段の下に表示されることになります。それを避ける目的で、意図的にピクセル単位でフォントサイズを固定しています。

05 | 01 | blog >> blog A

```css
-------------------------------------------------- */
.sidebar {
  color: #000000;
  background: #f3f3ef;
  font-size: x-small;
}
.sidebar h2 {
  margin: 0;
  padding: 12px 0 0 12px;
  border-top: 1px solid #d9d9d3;
  text-transform: uppercase;
  font-size: small;
  font-weight: normal;
}
.sidebar ul {
  margin: 0;
  padding: 0 0 12px 12px;
  list-style: none;
  line-height: 1.6;
}
.sidebar a {
  text-decoration: none;
}
.sidebar form {
  margin: 0;
  padding: 0 0 12px 12px;
}
.sidebar input#search {
  width: 95px;
}
.link-note a {
  display: block;
  margin: 0;
  padding: 9px 12px;
  border-top: 1px solid #d9d9d3;
}
```

左の段全体の文字色と背景色、フォントサイズを設定しています。

左の段に含まれる見出しの設定をしています。XHTML 上で単語のアルファベットをすべて大文字にしてしまうと、音声ブラウザなどの環境で正しく読み上げられなくなる可能性があります。そのため、h2 要素内のテキストは、CSS の text-transform プロパティを使って大文字に変換して表示させています。

リストの余白と行間を調整し、マーカーを消しています。

リンクやフォーム関連の細かい調整をしています。

| 05 | 01 | blog >> blog A |

| 応用編 | デザインや表示位置を変更することで、違った印象にする |

カスタマイズのポイント
・ボックスの装飾を変更してみる ・各要素の表示位置を変更してみる

| #1 | ボックスの装飾を変更し、アレンジを加える |

配色の変更でバリエーションを増やす

　レイアウトはそのままに、ボックスに適用されているスタイルをアレンジすることで、違った印象のblogへと変更してみましょう。

　たとえば、配色を変更するだけでも印象はガラッと変わります。ページ全体を黒やグレーでまとめれば重厚感を、白をベースに青をキーカラーとすれば信頼感や清涼感

| 05 | 01 | blog >> blog A |

を与えることができます。

　また、ボックスの装飾には色だけでなく画像を使うこともできます。ここでは実際にそれぞれのボックスに対して配色を変更しつつ背景画像を適用し、スタイルをアレンジしてみましょう。

背景に使用するタイリング画像を用意する

　各ボックスに合わせた背景画像を数種類用意します。ここでは横方向にだけ繰り返し表示させるタイリング可能な小さめの画像を用意していますが、テクスチャー感のあるグラフィカルな背景画像を使用してもよいでしょう。

bg_body.gif

bg_b1.gif　bg_b2.gif　bg_b3.gif

背景画像
適用させるボックスの色に合わせた背景画像です。

タイリング可能な背景画像

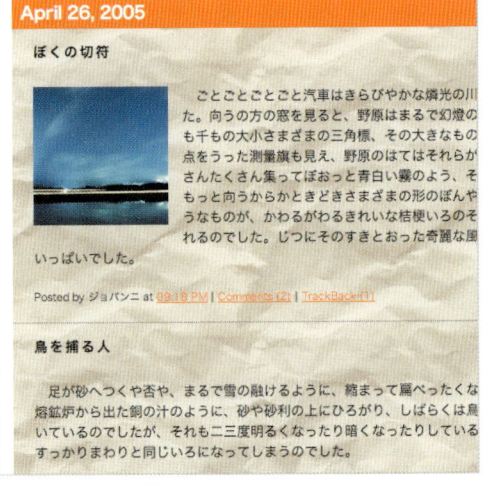

グラフィカルな背景画像の使用例
縦横タイリング可能な画像を背景全体に適用するのもよいでしょう。

POINT

配色

色はイメージの伝達に大切な役割をはたしています。文字よりも直接的にイメージを伝えることができますし、さまざまな色を組み合わせることでイメージの幅を広げることもできます。ページ全体の色調でそのサイトの雰囲気や与える印象はまったく変わってきますので、サイト(blog)のコンセプトや特性に合わせた配色を心掛けましょう。

配色の例
色の組み合わせを変更するだけでも、印象は変わります。

POINT

グラフィカルな背景画像

サンプルでは横方向にだけ繰り返される画像を使用していますが、左の画像のようにタテにもヨコにもタイリングが可能な画像をボックスの背景全体に適用することで、まったく印象の違うページを作成することも可能です。ただしあまりコントラストの強い画像を背景に使用すると、文字が読みにくくなるといった弊害もありうるので気をつけましょう。

ボックスのスタイルをアレンジする

　各ボックスの配色を変更し背景画像を適用します。同時に罫線のスタイルにも追加します。

　まず「index.html」をDreamweaverで開き、各ボックスごとにまとめるためそれぞれdivを追加しておきます。その後「base.css」で、まとめた各divごとにスタイルを適用します。

05　01　blog >> blog A

index.html

〜中略〜

```html
<div class="sidebar_box">
<h2>archives</h2>
<ul>
<li><a href="">April 2005</a> [ 17 Entry ]</li>
<li><a href="">March 2005</a> [ 25 Entry ]</li>
<li><a href="">February 2005</a> [ 21 Entry ]</li>
<li><a href="">January 2005</a> [ 16 Entry ]</li>
<li><a href="">December 2004</a> [ 24 Entry ]</li>
<li><a href="">November 2004</a> [ 19 Entry ]</li>
</ul>
</div>

<div class="sidebar_box">
<h2>recent entries</h2>
<ul>
<li><a href=""> ぼくの切符 </a></li>
<li><a href=""> 鳥を捕る人 </a></li>
<li><a href=""> 北十字とプリオシン海岸 </a></li>
<li><a href=""> 銀河ステーション </a></li>
<li><a href=""> 天気輪の柱 </a></li>
<li><a href=""> ケンタウル祭の夜 </a></li>
<li><a href=""> 家 </a></li>
<li><a href=""> 活版所 </a></li>
</ul>
</div>
```

〜中略〜

サイドバーの各要素や、記事ごとに div でまとめておく

それぞれの要素をまとめた div などの名称例

05 | 01 | blog >> blog A

base.css

```css
/* バナー
---------------------------------------------- */
h1 {
  margin: 6px 0 0 0;
  width: 194px;
  text-indent: -9999px;
  background: url(../images/logo2.gif) no-repeat #9f9f90;
  border:solid 3px #474733;
}

～中略～

/* 全体構造
---------------------------------------------- */
body {
  margin: 0;
  padding: 0;
  font-size: small;
  color: #000000;
  background: url(../images/bg_body.gif) #6c6c59;
}
#container {
  width: 766px;
}
#center {
  float: right;
  width: 560px;
}
#right {
  float: left;
  width: 200px;
  margin-top: 114px;
}

～中略～

/* コンテンツ
---------------------------------------------- */
.content {
 margin-top: 6px;
 border:solid 3px #474733;
}
.content h2 {
  margin: 0;
  padding: 0.2em 0.5em;
```

ロゴの画像も色を変更しています。

05 | 01 | blog >> blog A

```css
  font-size: medium;
  color: #ffffff;
  background: url(../images/bg_b1.gif) repeat-x #9f9f90;
}
.content h3 {
  margin: 0;
  padding: 1em 20px;
  letter-spacing: 0.2em;
  font-size: small;
  color: #000000;
  background: url(../images/bg_b3.gif) repeat-x #f9f9f7;
}
```

～中略～

```css
/* カレンダー
-------------------------------------------------- */
#calendar {
  margin: 4px 0 0 0;
  padding: 1em;
  color: #000000;
  background: url(../images/bg_b3.gif) repeat-x #f9f9f7;
  border:solid 3px #474733;
}
```

～中略～

```css
/* サイドバー
-------------------------------------------------- */
.sidebar_box {
  margin-top: 6px;
  color: #000000;
  font-size: x-small;
  background: url(../images/bg_b2.gif) repeat-x #e1e1d8;
  border:solid 3px #474733;
}
.sidebar_box h2 {
  margin: 0;
  padding: 12px 0 0 12px;
  text-transform: uppercase;
  font-size: small;
  font-weight: normal;
}
.sidebar_box ul {
  margin: 0;
  padding: 0 0 12px 12px;
```

05 | 01 | blog >> blog A

```
    list-style: none;
    line-height: 1.6;
}


～中略～
```

付け加えたそれぞれの div などに対して、配色や背景画像を設定
同時に罫線のスタイルや、位置の調整も行っています。

完成した画面
スタイルシートで配色を変更するだけで、違った印象のデザインへと変更
することができます。

167

| 05 | 01 | blog >> blog A |

| #2 | 要素の配置を変更し、アレンジを加える |

配置の変更でバリエーションを増やす

　次に各要素の配置を変更してみましょう。それぞれの要素を囲んでいるタグに対して、CSSのpositionプロパティを調整することでHTMLソースを書き換えることなくレイアウトを容易に変更できます。ここでは上部のタイトルをバー状にし、サイドバーを右側に変更してみます。「base.css」をDreamweaverで開き、下記のように書き換えてみましょう。

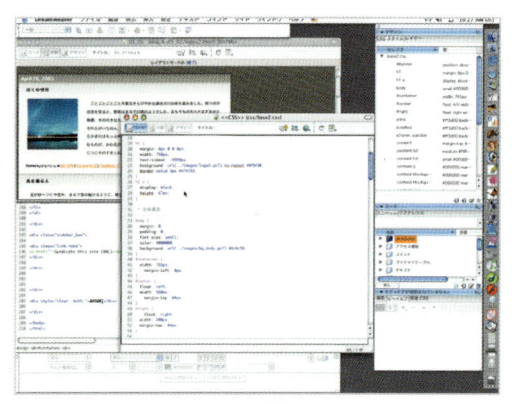

Dreamweaverでスタイルシートを編集

base.css

```
/* バナー
-------------------------------------------------- */
h1 {
   margin: 6px 0 0 8px;
   width: 760px;
   text-indent: -9999px;
   background: url(../images/logo3.gif) no-repeat #9f9f90;
   border:solid 3px #474733;
}
h1 a {
   display: block;
   height: 67px;
}
```

ロゴの画像も変更しています。

タイトルをバー状に変更
同時に間隔などを調整し、タイトル画像も変更しています。

05 | 01 | blog >> blog A

base.css

```css
#container {
  width: 766px;
  margin-left: 8px;
}
#center {
  float: left;
  width: 560px;
  margin-top: 80px;
}
#right {
  float: right;
  width: 200px;
  margin-top: 80px;
}
```

記事を左側、サイドバーを右側に変更
また、各ボックスの配置位置も調整しています。

配置を変更した画面
CSSのpositionプロパティを変更することで、容易にレイアウトのバリエーションを増やすことができます。

05 | 02 blog
blog B

基本編

サイドバーを左右に配置した、3段組のblogページ

用途

・表示項目が多いblog

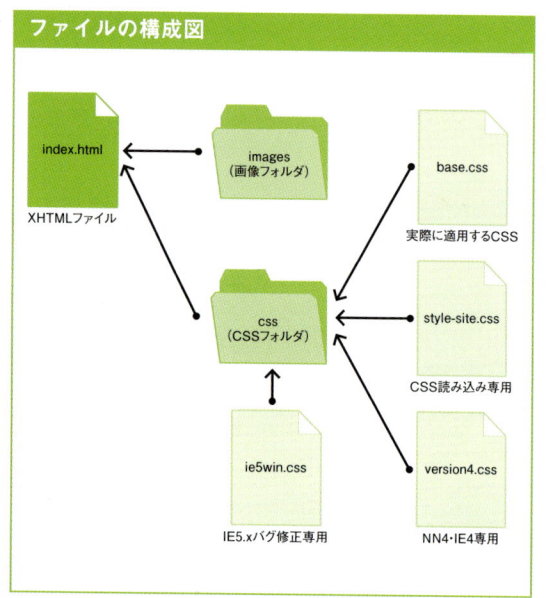

ファイルの構成図

- index.html（XHTMLファイル）
- images（画像フォルダ）
- css（CSSフォルダ）
  - base.css — 実際に適用するCSS
  - style-site.css — CSS読み込み専用
  - ie5win.css — IE5.xバグ修正専用
  - version4.css — NN4・IE4専用

170

| 05 | 02 | blog >> blog B |

レイアウトとデザイン

　05_01 に引き続き、blog サイトのレイアウトです。ここでは記事の左右にサイドバーを配置した 3 段組のレイアウトについて解説します。

　2 段組のレイアウトでは、サイドバーに入れる要素が多いと縦方向に長くなりがちですが、この 3 段組レイアウトでは要素を左右に分散させることができます。また、記事に関するアーカイブ的な要素とその他の要素とを明確に分けることも可能です。

　サンプルでは各記事をボックスで囲み、サイドバーは各見出しをバー状に装飾することにより各要素の区切りにもなっています。

　記事部分に本文を載せずにタイトルのみを一覧で表示することで、ニュースクリップ的な blog へと変更させることも可能です。応用編では実際に記事部分をタイトル一覧へと変更する方法を解説します。また、blog に必要となってくるエントリーページなど別ページにも、メインページと同様のスタイルを適用させてみましょう。

サンプル CSS の概要

　このサンプルの XHTML は、Movable Type のデフォルトテンプレートそのままではなく、部分的に変更を加えたものを使用しています。

　ページの全体的な構造としては、左右の段の幅を固定し、中央の段だけ幅を可変にした 3 段組になっています。右の段には「float: right;」、左の段には「float: left;」を指定し、中央の段には左右の段の幅分のマージンを設定するというパターンです。このパターンを使うと、XHTML 上ではメインコンテンツである中央の段よりも前に、左右の段の内容を配置する必要が出てきます。そうすると、音声ブラウザなどではなかなか本文にたどり着けなくなってしまうため、このサンプルではページの先頭に「本文へジャンプ」というリンクを用意し、それを CSS で画面には表示されないようにしています。

　このサンプルのページ左上のロゴ画像は、文字色が白と黒で、背景は透明になっています。もし、これを CSS を適用しない状態で背景が白のブラウザで見ると、白い文字が読めなくなってしまいます。そのため、このサンプルでは、Internet Explorer バージョン 4 向けの CSS である「version4.css」で、背景色をグレーに設定しています。

05 | 02 | blog >> blog B

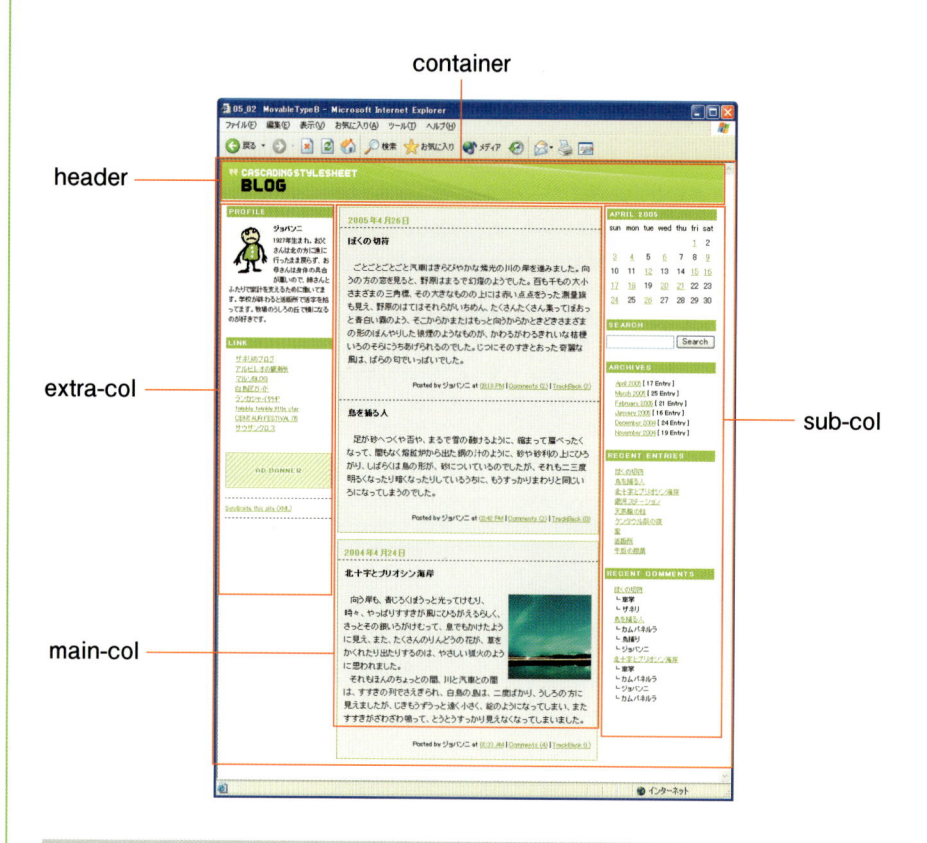

container

header

extra-col

sub-col

main-col

index.html

```
<!DOCTYPE html PUBLIC "-//W3C//DTD XHTML 1.0 Strict//EN"
 "http://www.w3.org/TR/xhtml1/DTD/xhtml1-strict.dtd">
<html xmlns="http://www.w3.org/1999/xhtml" xml:lang="ja" lang="ja">
<head>
<meta http-equiv="Content-Type" content="text/html; charset=Shift_JIS" />
<title>05_02 MovableTypeB</title>
<link rel="stylesheet" href="css/version4.css" type="text/css" />
<link rel="stylesheet" href="css/styles-site.css" type="text/css"
 media="screen,print" />
</head>
<body>

<div id="container">

<div id="header">
<h1><a href="/"><img src="images/logo.gif" width="230" height="60"
 alt="Cascading Style Sheet BLOG" /></a></h1>
<p class="hide"><a href="#honbun">本文へジャンプ</a></p>
</div>

<div id="sub-col" class="sidebar">
<div id="calendar">
```

外部CSS「version4.css」を読み込んでいます。

外部CSS「style-site.css」を読み込んでいます。

header 部分

05 | 02 | blog >> blog B

```
<table>

～中略（カレンダー部分）～

</table>

</div>

<h2>search</h2>

<div class="link-note">
<form method="get" action="">
<p>
<input id="search" name="search" size="20" />
<input type="submit" value="Search" />
</p>
</form>
</div>

<h2>archives</h2>

<ul>
<li><a href="">April 2005</a> [ 17 Entry ]</li>
<li><a href="">March 2005</a> [ 25 Entry ]</li>
<li><a href="">February 2005</a> [ 21 Entry ]</li>
<li><a href="">January 2005</a> [ 16 Entry ]</li>
<li><a href="">December 2004</a> [ 24 Entry ]</li>
<li><a href="">November 2004</a> [ 19 Entry ]</li>
</ul>

<h2>recent entries</h2>

<ul>
<li><a href="">ぼくの切符</a></li>
<li><a href="">鳥を捕る人</a></li>
<li><a href="">北十字とプリオシン海岸</a></li>
<li><a href="">銀河ステーション</a></li>
<li><a href="">天気輪の柱</a></li>
<li><a href="">ケンタウル祭の夜</a></li>
<li><a href="">家</a></li>
<li><a href="">活版所</a></li>
<li><a href="">午后の授業</a></li>
</ul>

<h2>recent comments</h2>
```

sub-col 部分

05　02　blog >> blog B

```html
<ul>
<li><a href="">ぼくの切符</a><br />
　└ 車掌 <br />
　└ ザネリ <br />
</li>
<li><a href="">鳥を捕る人</a><br />
　└ カムパネルラ <br />
　└ 鳥捕り <br />
　└ ジョバンニ <br />
</li>
<li><a href="">北十字とプリオシン海岸</a><br />
　└ 車掌 <br />
　└ カムパネルラ <br />
　└ ジョバンニ <br />
　└ カムパネルラ <br />
</li>
</ul>


</div>


<div id="extra-col" class="sidebar">


<div id="profile">
<h2>Profile</h2>
<dl>
<dt>
<img src="images/me.gif" width="72" height="80" alt="" />
ジョバンニ
</dt>
<dd>
1927年生まれ。お父さんは北の方に漁に行ったまま戻らず、お母さんは身体の具合が悪いので、姉さんとふたりで家計を支えるために働いてます。学校が終わると活版所で活字を拾ってます。牧場のうしろの丘で横になるのが好きです。
</dd>
</dl>
</div>

<h2>link</h2>

<ul>
<li><a href="">ザネリのブログ</a></li>
<li><a href="">アルビレオの観測所</a></li>
<li><a href="">マルソBLOG</a></li>
<li><a href="">白鳥区ガイド</a></li>
```

extra-col 部分

05 02 blog >> blog B

```html
<li><a href="">ランカシャイヤHP</a></li>
<li><a href="">twinkle twinkle little star</a></li>
<li><a href="">CENTAUR FESTIVAL 05</a></li>
<li><a href="">サウザンクロス</a></li>
</ul>

<div class="ad">
<a href=""><img src="images/banner.gif" width="170" height="53" alt="" /></a>
</div>

<div id="syndicate" class="link-note">
<a href="">Syndicate this site (XML) </a>
</div>

</div>


<div id="main-col">
<a name="honbun" id="honbun"></a>

<div class="entries">

<h2>2005年4月26日</h2>

<h3>ぼくの切符</h3>

<p> ごとごとごとごと汽車はきらびやかな燐光の川の岸を進みました。向うの方の窓を見ると、野原はまるで幻燈のようでした。百も千もの大小さまざまの三角標、その大きなものの上には赤い点点をうった測量旗も見え、野原のはてはそれらがいちめん、たくさんたくさん集ってぼおっと青白い霧のよう、そこからかまたはもっと向うからかときどきさまざまの形のぼんやりした狼煙のようなものが、かわるがわるきれいな桔梗いろのそらにうちあげられるのでした。じつにそのすきとおった奇麗な風は、ばらの匂でいっぱいでした。</p>

<p class="posted">Posted by ジョバンニ at <a href="">09:18 PM</a> | <a href="">Comments (2) </a> | <a href="">TrackBack (2) </a></p>


<h3>鳥を捕る人</h3>

<p> 足が砂へつくや否や、まるで雪の融けるように、縮まって扁べったくなって、間もなく熔鉱炉から出た銅の汁のように、砂や砂利の上にひろがり、しばらくは鳥の形が、砂についているのでしたが、それも二三度明るくなったり暗くなったりしているうちに、もうすっかりまわりと同じいろになってしまうのでした。</p>

<p class="posted">Posted by ジョバンニ at <a href="">03:42 PM</a> | <a href="">Comments (3) </a> | <a href="">TrackBack (0) </a></p>
```

main-col 部分

05　02　blog >> blog B

```
    </div>

    <div class="entries">

        <h2>2004年4月24日</h2>

        <h3>北十字とプリオシン海岸</h3>

        <p><img src="images/pic001.jpg" width="128" height="128" alt="" />　向う岸も、青じろくぼうっと光ってけむり、時々、やっぱりすすきが風にひるがえるらしく、さっとその銀いろがけむって、息でもかけたように見え、また、たくさんのりんどうの花が、草をかくれたり出たりするのは、やさしい狐火のように思われました。<br />
　それもほんのちょっとの間、川と汽車との間は、すすきの列でさえぎられ、白鳥の島は、二度ばかり、うしろの方に見えましたが、じきもうずうっと遠く小さく、絵のようになってしまい、またすすきがざわざわ鳴って、とうとうすっかり見えなくなってしまいました。</p>

        <p class="posted">Posted by ジョバンニ at <a href="">01:33 AM</a> | <a href="">Comments (4) </a> | <a href="">TrackBack (1) </a></p>

    </div>

</div>

<div style="clear: both;"> </div>

</div>

</body>
</html>
```

05 | 02 | blog >> blog B

version4.css

```css
@charset "Shift_JIS";

body {
  color: #000000;
  background: #bbbbbb;
      /* ■ロゴ画像の背景が透明で文字は白と黒のため */
}
a img {
  border: none;
  color: #bbbbbb;
  background: transparent;
}
```

Netscape Navigator 4.x と Internet Explorer 4.0 向けの指定です。ページ全体の文字色と背景色を設定し、リンクした画像の周りに表示される枠線を消しています。このサンプルの h1 要素の内容(blogのタイトル)は、白と黒のテキストを画像にしたもので、しかも背景が透明になっています。そのため白い部分と黒い部分の両方が問題なく読めるように背景色をグレーに設定しています。

styles-site.css

```css
@charset "Shift_JIS";

@import "base.css";

@media tty {
 i{content:"¥";/*" "*/}} @import 'ie5win.css'; /*";}
}/* */
```

通常の方法で「base.css」を読み込んだ後に Internet Explorer 5.0 と 5.5 だけが読み込む裏ワザを使って「ie5win.css」を読み込んでいます。こうしておくことで、Internet Explorer 5.0 と 5.5 で問題が発生した場合には、「ie5win.css」内で必要な値を上書きして修正できます。

base.css

```css
@charset "Shift_JIS";

/* 全体構造
-------------------------------------------------- */
body {
  margin: 0;
  padding: 0;
  line-height: 1.5;
  font-size: small;
  color: #000000;
  background: #ffffff;
}
.sidebar {
  padding: 10px;        /* ■margin だと IE で指定通りに表示されない */
  overflow: visible;    /* ■これがないと MacIE5 で段が崩れる */
}
#sub-col {
  float: right;
```

左右の段の余白を設定していますが、マージンで指定すると Windows 版の Internet Explorer では正しく表示されないため、代わりにパディングを使用しています。overflow プロパティは、Mac 版の Internet Explorer で表示が崩れることを防ぐために指定しています。

05 02 blog >> blog B

```css
    width: 170px;
}
#extra-col {
    float: left;
    width: 170px;
}
#main-col {
    margin: 10px 190px;
}

/* リンク
-------------------------------------------------- */
a:link {
    color: #77af01;
    background: transparent;
}
a:visited {
    color: #77af01;
    background: transparent;
}
a:hover, a:active {
    color: #77af01;
    background: transparent;
}


/* ヘッダ
-------------------------------------------------- */
#header {
    color: #000000;
    background: url(../images/back.jpg) repeat-x;
}
#header h1 {
    margin: 0;
    width: 100%;   /* ■IEのバグ回避のため指定 */
    color: #000000;
    background: url(../images/back-right.jpg) no-repeat top right;
}
#header h1 img {
    vertical-align: bottom;
}
#header .hide {
    position: absolute;
    left: -999px;
    width: 990px;
}
```

右の段 (sub-col) には「float: right;」を指定し、左の段 (extra-col) には「float: left;」を指定します。そして、中央の段 (main-col) には左右の段の「幅＋余白」分のマージンを指定すると3段組の完成です。このサンプルでは、左右の段の幅は固定で、中央の段の幅だけが可変になっています。

ページ全体のリンクの色を設定しています。

ヘッダには、以下の背景画像を横に繰り返して表示させています。

h1 要素には以下の画像を背景として右上に表示させています。Internet Explorer で表示が崩れることを防ぐ目的で「width: 100%;」も指定しています。

このサンプルの XHTML では、本文の内容は左右の段の後にあります。そのため、音声ブラウザ向けの「本文へジャンプ」というリンクを用意してあるのですが、ここではそれを画面には表示しないように設定しています。

05 02 blog >> blog B

```css
/* サイドバー
-------------------------------------------------- */
.sidebar h2, #calendar caption {
  clear: left;
  margin: 0;
  padding: 0.1em 0.4em;
  text-align: left;
  text-transform: uppercase;
  letter-spacing: 0.15em;
  font-size: x-small;
  font-weight: bold;
  color: #ffffff;
  background: #8ebf02;
}
.sidebar ul {
  margin-top: 0.8em;
  margin-left: 0;
  padding-left: 0;
  list-style: none;
  font-size: x-small;
}
.sidebar li {
  padding-left: 15px;
  background: url(../images/marker.gif) no-repeat 5px 0.5em;
}
#sub-col h2 {
  margin-top: 1.7em;
}
#sub-col form {
  margin: 0;
}
#sub-col form p {
  margin-top: 0.6em;
}
#search {
  width: 100px;
}
.link-note {
  font-size: x-small;
}

/* カレンダー
-------------------------------------------------- */
#calendar table {
  margin: 0;
```

左右の段に含まれる見出し(h2要素)とカレンダーのキャプション部分(caption要素)の表示方法を設定しています。XHTML上でアルファベットをすべて大文字にしてしまうと、音声ブラウザなどの環境で正しく読み上げられなくなる可能性があるため、CSSのtext-transformプロパティを使って大文字にしています。

リストのマーカーを画像に変更しています。本来であればlist-styleプロパティなどを使うはずなのですが、list-styleプロパティではマーカーの表示位置の微調整ができません。そのため、ここではリストのマーカーはあえて消し、背景画像をマーカーとして表示させています。

右の段に含まれる各部分の表示を微調整しています。

05 | 02 | blog >> blog B

```css
    width: 170px;
}
#calendar th, #calendar td {
    text-align: center;
    font-size: 12px;
    font-weight: normal;
}

/* プロフィール
-------------------------------------------------- */
#profile dl {
    margin: 0.7em 0 1.5em 0;
}
#profile dt, #profile dd {
    display: block;
    margin: 0 3px;
    padding: 0;
    font-size: x-small;
}
#profile dt {
    margin-bottom: 0.3em;
    font-weight: bold;
}
#profile dt img{
    float: left;
}

/* バナー広告ほか
-------------------------------------------------- */
.ad {
    margin-top: 30px;
}
.ad img {
    display: block;
}

#syndicate {
    margin: 1.5em 0 0.7em;
    padding: 0.7em 0;
    border-top: 1px dotted #000000;
    border-bottom: 1px dotted #000000;
}

/* メイン・コンテンツ
-------------------------------------------------- */
#main-col h2 {
```

Internet Explorerでフォントサイズを大きくすると、右の段のカレンダーのボックスの幅が広くなってしまい、結果として右の段の内容が中央の段に重なって表示されます。それを避ける目的で、意図的にピクセル単位でフォントサイズを固定しています。

左上にあるプロフィール部分の設定をしています。画像には「float: left;」を指定し、テキストをその横に回り込ませています。

左の段のバナー広告とその下の部分の設定をしています。画像には「display: block;」を指定することで、画像の周りの余白を取り去っています。

05 | 02 | blog >> blog B

```
    margin: 10px 10px 0 10px;
    font-size: small;
    color: #8ebf02;
    background: transparent;
}
#main-col h3 {
    margin: 0;
    padding: 10px 10px 0;
    border-top: 1px dotted #000000;
    font-size: small;
}
#main-col h2+h3 {          /* ■IEは未対応のため線が表示される */
    border-top-style: none;
}
#main-col p {
    margin: 1.5em 10px;
}
#main-col p img {
    float: right;
}
#main-col .entries {
    margin: 0 0 10px 0;
    border: 1px solid #8ebf02;
    color: #000000;
    background: #f2f2ed;
}
#main-col p.posted {
    text-align: right;
    font-size: x-small;
}
```

中央の段に含まれるh2要素(年月日)とh3要素(エントリータイトル)の表示方法を設定しています。h3要素の上には点線のボーダーを表示させています。

h2要素の直後にあるh3要素(年月日の直後のエントリータイトル)のみ、上の点線が表示されないようにしています。ただし、Internet Explorerはセレクタ内で使う「+」には対応していませんので、点線が表示されます。

1日分のエントリー全体を囲むdiv要素に緑色の枠線を表示させています。

05　02　blog >> blog B

ie5win.css

```css
/* 全体構造
-------------------------------------------------- */
body {
    font-size: x-small;
}
#sub-col {
    width: 190px;
}
#extra-col {
    width: 190px;
}

/* サイドバー
-------------------------------------------------- */
.sidebar h2, #calendar caption {
    font-size: xx-small;
}
.sidebar ul {
    font-size: xx-small;
}
.link-note, #powered {
    font-size: xx-small;
}

/* プロフィール
-------------------------------------------------- */
#profile dt, #profile dd {
    font-size: xx-small;
}

/* メインコンテンツ
-------------------------------------------------- */
#main-col h2 {
    font-size: x-small;
}
#main-col h3 {
    font-size: x-small;
}
#main-col p.posted {
    font-size: xx-small;
}
```

Internet Explorer 5.x でフォントサイズを「small」や「x-small」などのキーワードで指定すると、指定した値よりも一段階大きく表示されます。そのため、ここで一段階小さいサイズを上書き指定して調整しています。また、Internet Explorer 5.x では、width プロパティにはパディングも含めた値を指定する必要があるため、必要な値をここで上書き指定しています。

05　02　blog >> blog B

応用編

blog をさらにカスタマイズする

カスタマイズのポイント

- 同一の CSS ファイルを別ページでも使用する
- ニュースクリップ的な blog に変更する

#1　エントリーページにも同じスタイルを適用

blog を構成する別ページの作成

　blog は、通常 3 つのフォーマットから構成されています。いわゆる blog のトップページにあたる"メインページ"、月ごとやカテゴリーごとに記事をまとめて表示する"アーカイブページ"、記事をひとつひとつ個別に表示する"エントリーページ"があります。

　エントリーページにはその記事に対するコメントやトラックバックなどが表示されますが、各ページの構成要素は自由にアレンジすることができます。アーカイブやエントリーページにもサイドバーを表示したり、メインページに各記事のコメントを表示させたり、逆に記事のタイトルだけを表示させるといったこともできます。

　ここではサンプルのメインページ同様のスタイルを、同一の CSS ファイルを使い他のページにも適用させてみます。実際のカスタマイズには元となるテンプレートを設定すればよいのですが、ここでは例として、まず"エントリーページ"の HTML ファイルを作成してみます。

TERM

トラックバック

他の blog の記事を引用や参照する際に、その元のサイトに通知する機能です。通常引用した場合などのリンクは一方向だけですが、トラックバックを利用すると引用された相手の記事から引用した自分の記事へと逆にリンクを張ることができ、blog 同士のコミュニケーション手段となっています。トラックバックの数が多いほどそれは話題の blog、記事であるといえます。

| 05 | 02 | blog >> blog B |

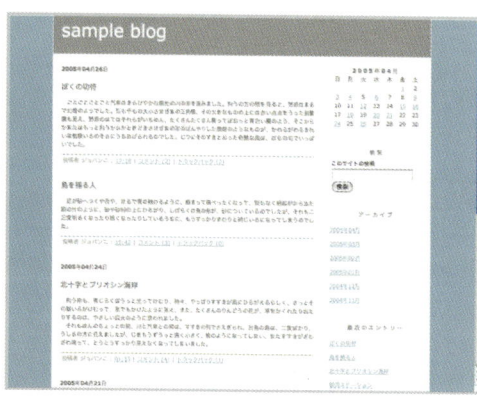

メインページ

エントリーページ

アーカイブページ

POINT/CAUTION

テンプレート
blogを展開するための構造を定義した雛形ファイルのことです。テンプレートをカスタマイズすることで記事やサイドバー項目の扱いなどを設定できます。各ページのタイプごとに用意されており、HTMLページはこのテンプレートを元に生成されます。

Movable Typeのテンプレート編集画面

エントリーページ用のHTMLを作成

　記事とコメントの他にエントリーページにメインページの右側に配置されたサイドバーの要素も表示してみましょう。

　「index.html」をDreamweaverで開き、ソース画面でエントリーページを構成する要素に書き換えます。左側のサイドバー（#extra-col）と真ん中の記事部分（#main-col）を削り、下記の要素を書き加えていきます。できあがったファイルは「index.html」と同じ階層に「entrie.html」という名前で[新規保存]してください。

05 02 blog >> blog B

entrie.html

```html
<div id="entrie-col">

<div class="menu"><a href="">&laquo; 前のコメント </a> | <a href="">Main</a> | <a href=""> 次のコメント &raquo;</a></div>


<div class="entries">
<h2>2005 年 4 月 26 日 </h2>
<h3> 鳥を捕る人 </h3>
<p> 足が砂へつくや否や、まるで雪の融けるように、縮まって扁べったくなって、間もなく熔鉱炉から出た銅の汁のように、砂や砂利の上にひろがり、しばらくは鳥の形が、砂についているのでしたが、それも二三度明るくなったり暗くなったりしているうちに、もうすっかりまわりと同じいろになってしまうのでした。</p>
<p class="posted">Posted by ジョバンニ at April 26, 2005 03:42 PM | <a href="">TrackBack（0）</a></p>
</div>

<div class="comments-head"><a name="comments"></a>Comments</div>

<p> 鷺はおいしいんですか。</p>
<p class="memberposted">Posted by <a href=""> カムパネルラ </a> at April 26, 2005 05:18 PM</p>

<p> ええ、毎日注文があります。しかし雁の方が、もっと売れます。雁の方がずっと柄がいいし、第一手数がありませんからな。こっちはすぐ喰べられます。そら。どうです、少しおあがりなさい。</p>
<p class="memberposted">Posted by <a href=""> 鳥捕り </a> at April 26, 2005 05:53 PM</p>

<p> ありがとう。</p>
<p class="memberposted">Posted by <a href=""> ジョバンニ </a> at April 26, 2005 06:04 PM</p>

<div class="comments-head">Post a comment</div>

<form method="post">
<label for="author">Name:</label><br />
<input tabindex="1" id="author" name="author" /><br />
<label for="email">Email Address:</label><br />
<input tabindex="2" id="email" name="email" /><br />
<label for="url">URL:</label><br />
<input tabindex="3" id="url" name="url" /><br />
Remember personal info?<br />
<input type="radio" id="bakecookie" name="bakecookie" /><label for="bakecookie">Yes</label><input type="radio" id="forget" name="bakecookie" onclick="forgetMe(this.form)" value="Forget Info" style="margin-left: 15px;" /><label for="forget">No</label><br />
```

コメント登録フォームです。サンプルとして、Movable Type のフォーム部分を簡略化したものを使用しています。

05 | 02 | blog >> blog B

```
<label for="text">Comments:</label><br />
<textarea tabindex="4" id="text" name="text" rows="10" cols="50"></
textarea><br /><br />
<input type="submit" name="preview" value=" Preview " />
<input style="font-weight: bold;" type="submit" name="post"
value=" Post " /><br /><br />
</form>

</div>
```

ひとつの記事とそれに対するコメント、投稿用フォームをサンプルとして書き加える

「entrie.html」を表示させた画面
まだこの時点では、新たな要素に何もスタイルが適用されていません。

エントリーページ用のスタイルを追加

　新たに書き加えたエントリーページ要素に適用させるスタイルを、「base.css」に追加します。各ページのCSSファイルを共有することで、表示スピードを速めたり、デザインの変更を容易にするなどのメリットが生まれます。

　書き加えるエントリーページの記事部分のスタイルは、メインページ（#main-col）とほぼ同様にした方がサイト内の統一感が出せるでしょう。ここではさらにコメントや投稿フォームの見出しも、サイドバーの見出しと同様のスタイルを設定します。

05 02 blog >> blog B

base.css

```css
/* エントリー（新規スタイル）
------------------------------------------------ */

#entrie-col {
    margin: 10px 210px 0px 20px;
}
#entrie-col .menu {
    margin:10px;
    text-align:center;
}
#entrie-col h2 {
    margin: 10px 10px 0 10px;
    font-size: small;
    color: #8ebf02;
    background: transparent;
}
#entrie-col h3 {
    margin: 0;
    padding: 10px 10px 0;
    font-size: small;
}
#entrie-col p {
    margin: 1.5em 10px;
}
#entrie-col .entries {
    margin: 0px 0 15px 0;
    border: 1px solid #8ebf02;
    color: #000000;
    background: #f2f2ed;
}
#entrie-col p.posted {
    text-align: right;
    font-size: x-small;
}
#entrie-col p.memberposted {
    padding: 0px 0px 10px;
    text-align: right;
    font-size: x-small;
    border-bottom: 1px dotted #999999;
}
#entrie-col .comments-head {
    margin: 0;
    padding: 0.1em 0.4em;
    text-align: left;
    text-transform: uppercase;
```

05 | 02 | blog >> blog B

```
    letter-spacing: 0.15em;
    font-size: x-small;
    font-weight: bold;
    color: #ffffff;
    background: #8ebf02;
}
```

#main-col などの設定を元に、エントリーページの要素に適用させるスタイルを書き加える

できあがったエントリーページ
CSS ファイルを共有することで、メインページなどとの統一感が出ます。

05 | 02 | blog >> blog B

#2 | メインページを記事タイトルの一覧表示に

ニュースクリップ的な blog の作成

次にメインページの記事部分をタイトルとリンクのみの表示に変更します。

ページの一画面内に数多くの情報を載せられるので、更新性が高く記事数の多いニュースクリップ的な blog に向いている表示方式です。記事の詳細は各リンク先のエントリーページで詳しく書くこともでき、直接外部のサイトにリンクすることもできます。

これも実際のカスタマイズには元となるテンプレートを設定する必要がありますが、ここでは例として"メインページ"の HTML を作成するところから始めます。まず「index.html」を Dreamweaver で開き、ソース画面で中央の記事部分（#main-col）を削り下記の要素を書き加えて、元となる HTML に変更を加えます。

index.html

```html
<div id="main-col">

<div class="entries">

<h2>2005 年 4 月 26 日 </h2>

<h3><a href=""> 三次空間・緑色の切符、特別販売のお知らせ </a></h3>
<p> すっかりあわててしまって、もしか上着のポケットにでも、入っていたかとおもいながら、手を入れて見ましたら、何か大きな畳んだ紙きれにあたりました。こんなもの入っていたろうかと思って、急いで出してみましたら、それは四つに折ったはがきぐらいの大きさの緑いろの紙でした。車掌が手を出しているもんですから何でも構わない、やっちまえと思って渡しましたら、車掌はまっすぐに立ち直って叮嚀にそれを開いて見ていました。</p>
<h3><a href=""> 銀河線主要線区の自動改札設置を拡大します。</a></h3>
<h3><a href="">GS 推進プログラム、「南十字ステーション」にて国際シンポジウムを開催します。</a></h3>
<h3><a href=""> 『ケンタウル祭』中止のお知らせ </a></h3>
<h3><a href=""> 「ステーションビル（仮称）」の開発概要が決定　2006 年秋にオープンの予定 </a></h3>

</div>

<div class="entries">

<h2>2005 年 4 月 24 日 </h2>

<h3><a href="">5 月吉日『ケンタウル祭』を開催！</a></h3>
<p> 空気は澄みきって、まるで水のように通りや店の中を流れましたし、街燈はみなまっ青なもみや楢の枝で包まれ、電気会社の前の六本のプラタヌスの木などは、中に沢山の豆電燈がついて、ほんとうにそこらは人魚の都のように見えるのでした。子どもらは、みんな新らしい
```

05 | 02 | blog >> blog B

```
折のついた着物を着て、星めぐりの口笛を吹いたり、「ケンタウルス、露をふらせ」と叫んで
走ったり、青いマグネシヤの花火を燃したりして、たのしそうに遊んでいるのでした。</p>
<h3><a href="">「白鳥の停車場」「鷲の停車場」統廃合のお知らせ</a></h3>
<h3><a href="">「サウザンクロスクーポン」を5月末日から発売</a></h3>
<h3><a href="">GS推進プログラム、「銀河ステーション」にて国際シンポジウムを開催
します。</a></h3>
<h3><a href="">「アルビレオ観測所」にて国際ワークショップを開催します。</a></h3>



</div>


</div>
```

日付け、記事のタイトル、リンクなどを書き込む

書き換えた「index.html」を表示させた画面
まだ新たなスタイルが適用されていない状態です。

05 | 02 | blog >> blog B

書き加えた要素のスタイルを追加

メインページの書き加えた箇所に適用させるスタイルを、「base.css」に追加していきます。

各リンクの先頭に画像を表示させる方法は 04_02 の応用編で説明した背景画像の適用を使用します。

newsarrow.gif
リンクの先頭に適用させる画像
背景画像として入れ込むことで位置の調整などが細かく設定できます。

base.css

```css
#main-col {
  margin: 0 190px;
}

～中略～

/*  メイン・コンテンツ
-------------------------------------------------- */
#main-col h2 {
  margin: 0;
  padding: 0.1em 0.4em;
  text-align: left;
  text-transform: uppercase;
  letter-spacing: 0.15em;
  font-size: small;
  font-weight: bold;
  color: #ffffff;
  background: #8ebf02;
}
#main-col h3 {
  margin: 0;
  padding: 10px 10px 10px 20px;
  border-top: 1px dotted #999966;
  font-size: small;
  line-height: 1.5em;
  background: url(../images/newsarrow.gif) no-repeat 2px 1.1em;
}
#main-col a {
  color: #669900;
}
#main-col h2+h3 {
  border-top-style: none;
}
#main-col p {
```

──リンクの先頭に画像を背景として配置します。

05　02　blog >> blog B

```
    margin: 0 10px 15px 20px;
    font-size: x-small;
    line-height: 1.5em;
}
#main-col .entries {
    margin: 0;
    padding: 10px;
    color: #333333;
    background: #f2f2ed;
}
```

記事タイトルのスタイルなどを追加

できあがったメインページ
記事の数が多くても一覧性の高いページになります。

CHAPTER 06
その他

CONTENTS

06_01 登録ページ
　　　基本編：入力フォームを多用した登録ページ
　　　応用編：目的や機能に応じてフォームを
　　　　　　　アレンジする

06_02 確認ページ
　　　基本編：表組を使用した、
　　　　　　　ショッピングカートの確認ページ
　　　応用編：テーブルのカスタマイズと、
　　　　　　　プリントアウトへの対応

06 | 01 その他
登録ページ

基本編

入力フォームを多用した登録ページ

用途
・登録／投稿ページ
・アンケートページ

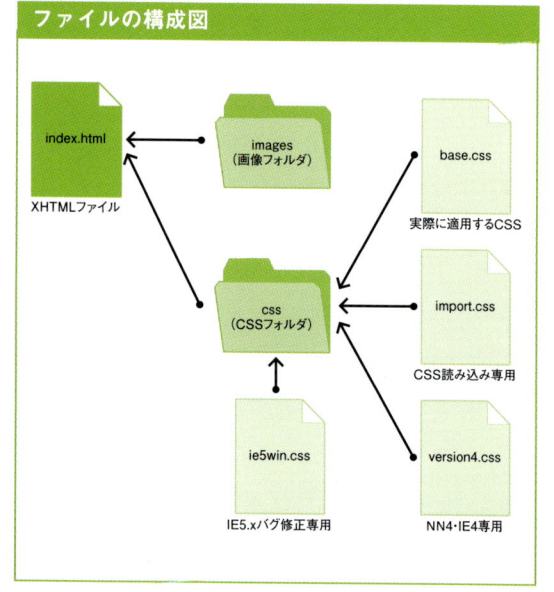

ファイルの構成図

- index.html (XHTMLファイル)
- images (画像フォルダ)
- css (CSSフォルダ)
  - base.css — 実際に適用するCSS
  - import.css — CSS読み込み専用
  - ie5win.css — IE5.xバグ修正専用
  - version4.css — NN4・IE4専用

06　01　その他 >> 登録ページ

レイアウトとデザイン

　CSSを利用すればフォームのデザインもいろいろとアレンジすることができます。ここではさまざまなタイプのフォームを多用した会員登録ページについて解説します。

　サンプルでは上部にタイトル、左側にフローチャートを配置し、入力部分は項目名と各フォームをそれぞれ左揃えに合わせたデザインにしてまとめています。フォームの色を背景色（白）とは別の色とすることで目立たせ、プルダウンメニューやラジオボタンなどにも同様の装飾を適用させています。各項目のフォームサイズをそれぞれ変えることで、入力に必要な文字量を容易に把握できるような配慮もしています。

　また、応用編で解説する例を組み合わせることにより、さらにユーザーにとってわかりやすく機能的なフォームへとカスタマイズすることも可能です。

　フォームの装飾についてはこのサンプルのような登録ページ以外にも、投稿ページやアンケートページ、検索フォームなどにも応用できるでしょう。

サンプルCSSの概要

　このサンプルの全体的なページ構造としては、右のメインコンテンツの左マージンを広くとり、その部分に絶対配置でフローチャート（ナビゲーション）を配置しています。ヘッダ部分の幅は固定で、左のロゴには「float: left;」、右の「SHOPPING FAQ」というリンクには「float: right;」を指定しています。

　通常、フォームの入力／選択用部品のラベルにはlabel要素を使いますが、現実的にはそれらは必ずしも1対1になっているわけではありません。そのため、このサンプルでは表示上のラベルと考えられる部分をspan要素で囲ってlabelというクラスを指定し、それに対応する範囲の入力／選択用部品をcontrolというクラスのspan要素でグループ化してあります。そして、labelクラスをブロックレベルに変換して幅を指定し、さらに「float: left;」を指定して、その右側にcontrolクラスを表示させています。

　ページ下の送信ボタンを囲う背景がグレーのdiv要素は、4つの角が丸くなっています。この部分は幅が固定なので、div要素に上の2つの角が丸くなった背景画像を指定し、div要素内のp要素に下の2つの角が丸くなった背景画像を指定しています。

> **POINT**
>
> **label要素**
> HTML4.01(XHTML1.0)では、label要素とフォームの入力／選択用部品である要素は、必ず1対1で関連づける仕様になっています。

06 01 その他 >> 登録ページ

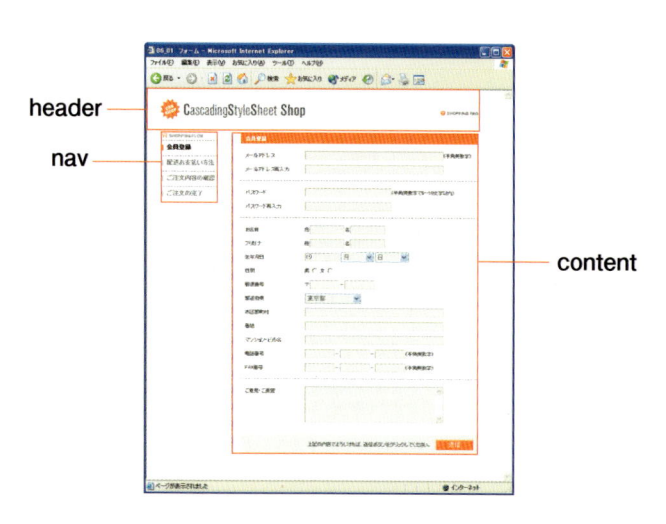

header
nav
content

index.html

```html
<!DOCTYPE html PUBLIC "-//W3C//DTD XHTML 1.0 Strict//EN"
  "http://www.w3.org/TR/xhtml1/DTD/xhtml1-strict.dtd">
<html xmlns="http://www.w3.org/1999/xhtml" xml:lang="ja" lang="ja">
<head>
<meta http-equiv="Content-Type" content="text/html; charset=Shift_JIS" />
<title>06_01　フォーム</title>
<link rel="stylesheet" href="css/version4.css" type="text/css" />
<link rel="stylesheet" href="css/import.css" type="text/css"
  media="screen,print" />
</head>
<body>

<div id="header">
<a href="/" id="logo"><img src="images/logo.gif" width="315"
  height="47" alt="Cascading Style Sheet Shop" /></a>
<a href="faq.html" id="faq"><img src="images/faq.gif" width="80"
  height="10" alt="shopping FAQ" /></a>
</div>

<ul id="nav">
<li><span> 会員登録 </span></li>
<li><a href=""> 配送お支払い方法 </a></li>
<li><a href=""> ご注文内容の確認 </a></li>
<li><a href=""> ご注文の完了 </a></li>
</ul>

<div id="content">

<h1> 会員登録 </h1>

<form action="">
```

外部 CSS「version4.css」を読み込んでいます。

外部 CSS「import.css」を読み込んでいます。

header 部分

nav 部分

196

06 01 その他 >> 登録ページ

```html
<fieldset>
<label class="label" for="mail1"> メールアドレス </label>
<span class="control"><input type="text" id="mail1" /> （半角英数字）<br
 /></span>
<label class="label" for="mail2"> メールアドレス再入力 </label>
<span class="control"><input type="text" id="mail2" /></span>
</fieldset>

<fieldset>
<label class="label" for="pass1"> パスワード </label>
<span class="control"><input type="text" id="pass1" /> （半角英数字で６～
10 文字以内） <br /></span>
<label class="label" for="pass2"> パスワード再入力 </label>
<span class="control"><input type="text" id="pass2" /></span>
</fieldset>

<fieldset>

<span class="label"> お名前 </span>
<span class="control">
<label for="name1"> 姓 </label><input type="text" id="name1" />
<label for="name2"> 名 </label><input type="text" id="name2" /><br />
</span>
<span class="label"> フリガナ </span>
<span class="control">
<label for="name3"> 姓 </label><input type="text" id="name3" />
<label for="name4"> 名 </label><input type="text" id="name4" /><br />
</span>
<span class="label"> 生年月日 </span>
<span class="control">
<input type="text" value="19" size="4" id="year" />
<select id="month">
  <option> 月 </option>
  <option>1</option>
～中略～
  <option>12</option>
</select>
<select id="day">
  <option> 日 </option>
  <option>1</option>
～中略～
  <option>31</option>
</select><br />
</span>
<span class="label"> 性別 </span>
<span class="control">
```

content 部分

06 | 01 その他 >> 登録ページ

```html
<label for="male">男</label><input class="radio" type="radio" id="male" name="sex" />
<label for="female">女</label><input class="radio" type="radio" id="female" name="sex" /><br />
</span>
<span class="label">郵便番号</span>
<span class="control">
〒<input type="text" size="3" id="post1" /> - <input type="text" size="4" id="post2" /><br />
</span>
<label class="label" for="state">都道府県</label>
<span class="control">
<select id="state">
   <option>北海道</option>
～中略～
   <option selected="selected">東京都</option>
   <option>神奈川県</option>
～中略～
   <option>沖縄県</option>
</select><br />
</span>
<label class="label" for="city">市区郡町村</label>
<span class="control"><input type="text" id="city" /><br /></span>
<label class="label" for="number">番地</label>
<span class="control"><input type="text" id="number" /><br /></span>
<label class="label" for="bldg">マンション・ビル名</label>
<span class="control"><input type="text" id="bldg" /><br /></span>
<span class="label">電話番号</span>
<span class="control">
<input type="text" size="6" id="tel1" /> - <input type="text" size="6" id="tel2" /> - <input type="text" size="6" id="tel3" />（半角英数字）
<br />
</span>
<span class="label">FAX番号</span>
<span class="control">
<input type="text" size="6" id="fax1" /> - <input type="text" size="6" id="fax2" /> - <input type="text" size="6" id="fax3" />（半角英数字）
<br />
</span>

</fieldset>

<fieldset id="last">
<label class="label" for="comment">ご意見・ご要望</label>
<span class="control"><textarea id="comment" rows="5" cols="40"></textarea></span>
</fieldset>
```

06 | 01 | その他 >> 登録ページ

```html
<div id="submit">
<p>上記の内容でよろしければ、送信ボタンをクリックしてください。
<input type="submit" value="送信" />
</p>
</div>

</form>

</div>

</body>
</html>
```

version4.css

```css
@charset "Shift_JIS";

body {
  color: #000000;
  background: #ffffff;
}
a img {
  border: none;
  color: #ffffff;
  background: transparent;
}
```

Netscape Navigator 4.x と Internet Explorer 4.0 向けの指定です。ページ全体の文字色と背景色を設定し、リンクした画像の周りに表示される枠線を消しています。

import.css

```css
@charset "Shift_JIS";

@import "base.css";

@media tty {
 i{content:"¥";/*" "*/}} @import 'ie5win.css'; /*";}
}/* */
```

通常の方法で「base.css」を読み込んだ後に Internet Explorer 5.0 と 5.5 だけが読み込む裏ワザを使って「ie5win.css」を読み込んでいます。こうしておくことで、Internet Explorer 5.0 と 5.5 で問題が発生した場合には、「ie5win.css」内で必要な値を上書きして修正できます。

06　01　その他 >> 登録ページ

base.css

```css
@charset "Shift_JIS";

/* 全体構造
-------------------------------------------------- */
body {
  margin: 0 0 3em 0;
  padding: 0;
  font-size: x-small;
  color: #444444;
  background: #ffffff;
}

/* ヘッダ
-------------------------------------------------- */
#header {
  width: 700px;
  height: 90px;
}
#logo {
  display: block;
  float: left;
  width: 315px;
  padding-top:  18px;
  padding-left: 25px;
      /* ■marginだとIEで指定通りに表示されない */
}
#faq {
  display: block;
  float: right;
  width: 80px;
  padding-top: 42px;
}

/* ナビゲーション
-------------------------------------------------- */
#nav {
  position: absolute;
  top: 90px;
  left: 30px;
  margin: 0;
  padding: 15px 0 0 0 ;
  list-style: none;
  background: url(../images/flow.gif) no-repeat top left;
  border-bottom: 1px dotted #726d6b;
}
```

ページ全体の余白とフォントサイズ、文字色と背景色を設定します。

ヘッダ部分の幅と高さを設定します。

左上のロゴ画像を含むa要素をブロックレベルに変換し、「float: left;」で左側に配置します。このとき、余白をマージンで指定するとWindows版のInternet Explorerでは正しく表示されないため、代わりにパディングを使用しています。

右上の「SHOPPING FAQ」という画像を含むa要素も同様にブロックレベルに変換し、「float: right;」で右側に配置します。

ナビゲーション(ul要素)を絶対配置します。リストのマーカーは消し、上のパディング領域に以下の背景画像を表示させます。

06　01　その他 >> 登録ページ

```css
#nav li {
    padding: 8px 0;
    width: 120px;
    border-top: 1px dotted #726d6b;
    font-size: 12px;
    font-weight: bold;
}
#nav span, #nav a {
    display: block;
    line-height: 1.0;
    padding: 0 0 0 8px;
    border-left-width: 4px;
    border-left-style: solid;
}
#nav span {
    border-left-color: #ff7400;
    color: #000000;
}
#nav a {
    border-left-color: #d9d9d9;
    text-decoration: none;
    color: #888888;
}
#nav a:hover {
    color: #000000;
    border-left-color: #ff7400;
}

/* コンテンツ
-------------------------------------------------- */
#content {
    margin-left: 180px;
    padding-left: 19px;
    border-left: 1px solid #a8a8a8;
    width: 500px;
}
h1 {
    margin: 0;
    padding: 0.5em 10px;
    font-size: x-small;
    color: #ffffff;
    background: #ff7400;
}
form {
    margin: 0;
}
```

各項目の上に点線を表示させます。リストの一番下の点線は、ul 要素で指定しています。

各項目内に含まれる a 要素と span 要素をブロックレベルに変換し、左側に太めのボーダーを表示させます。

ホーバーの状態で、文字色と左の太いボーダーの色が変化するように設定しています。

絶対配置しているナビゲーションと重ならないように、左の余白を広くとります。

見出しの余白とフォントサイズ、文字色と背景色を設定します。

06 | 01 | その他 >> 登録ページ

```css
fieldset {
  margin: 0;
  padding: 0.5em 0 1.3em 0;
  border-width: 1px;
  border-color: #726d6b;
  border-style: none none dotted none;
}
fieldset#last {
  border-bottom: none;
}
.label {
  clear: left;
  display: block;
  padding-top: 0.8em;
  padding-left: 10px;
  float: left;
  width: 120px;
  line-height: 2em;
}
.control {
  display: block;
  margin: 0 0 0 130px;
  padding-top: 0.8em;
  line-height: 2em;
}
input, select, textarea {
  border-style: solid;
  border-width: 1px;
  border-color: #aaaa94 #dfdfd6 #dfdfd6 #aaaa94;
  vertical-align: middle;
  color: #696969;
  background: #f1f1ed;
}
input.radio {
  border-style: none;
  color: #000000;
  background: transparent;
}

/* 入力部品の幅設定
------------------------------------------------ */
#mail1, #mail2, #city, #number, #bldg, #comment {
  width: 290px;
}
#pass1, #pass2 {
  width: 180px;
```

フォームの内容は fieldset 要素でグループ化されています。ここでは下の枠線だけを 1 ピクセルの点線で表示させています。

このサンプルのフォームでは、入力／選択用部品とそのラベルが必ずしも 1 対 1 で対応していないため、ラベルに該当する要素には「label」という class を指定し、それに対応する入力／選択用部品のグループには「control」という class を指定してまとめています。ここでは、「label」をブロックレベルに変換して幅を指定し、「float: left;」で左に寄せて配置しています。こうすることで、「control」は「label」の右側に回り込んで表示されます。

入力／選択用部品の枠線と文字色／背景色、縦方向の表示位置を設定しています。

06 | 01　その他 >> 登録ページ

```css
}
#name1, #name2, #name3, #name4, #year, #month, #day {
    width: 70px;
}
#post1, #post2 {
    width: 60px;
}
#state {
    width: 120px;
}
#tel1, #tel2, #tel3, #fax1, #fax2, #fax3 {
    width: 60px;
}

/* 送信ボタン
------------------------------------------------ */
#submit input {
    margin-left: 0.5em;
    border-width: 2px;
    border-color: #ffb87c #d26000 #d26000 #ffb87c;
    width: 6em;
    vertical-align: middle;
    color: #ffffff;
    background: #ff7400;
}
#submit {
    margin-top: 1em;
    color: #444444;
    background: url(../images/bg-submit1.gif) no-repeat;
}
#submit p {
    margin: 0;
    padding: 10px;
    text-align: right;
    background: url(../images/bg-submit2.gif) no-repeat left bottom;
}
```

各種入力／選択用部品の幅を設定しています。

送信ボタンの表示方法を設定しています。枠線の種類として「outset」を指定するのではなく、あえて「solid」にして左上と右下の色を別々に指定しています。

送信ボタンの入っているdiv要素には、以下のような上の2つの角が丸くなっている背景画像を指定しています。

div要素内のp要素には、以下のような下の2つの角が丸くなっている背景画像を指定しています。

06 | 01 その他 >> 登録ページ

ie5win.css

```
@charset "Shift_JIS";

/* 全体構造
-------------------------------------------------- */
body {
  font-size: xx-small;
}

/* ヘッダ
-------------------------------------------------- */
#logo {
  width: 340px;
}

/* コンテンツ
-------------------------------------------------- */
#content {
  width: 520px;
}
h1 {
  font-size: xx-small;
}
.label {
  width: 130px;
}
```

Internet Explorer 5.x でフォントサイズを「small」や「x-small」などのキーワードで指定すると、指定した値よりも一段階大きく表示されます。そのため、ここで一段階小さいサイズを上書き指定して調整しています。また、Internet Explorer 5.x では、width プロパティにはパディングとボーダーも含めた値を指定する必要があるため、必要な値をここで上書き指定しています。

06 | 01 その他 >> 登録ページ

応用編

目的や機能に応じてフォームをアレンジする

カスタマイズのポイント
・用途に応じて、わかりやすい装飾を施してみる
・同ページ内に長文テキストを表示させてみる

#1 フォームの機能を強化させる

必須項目を目立たせる

　登録やアンケートページなどで入力する項目が多すぎると、ユーザーはかなり負担を感じるかもしれません。ここでは目的や機能に応じてフォームの見た目を変更することで、ユーザビリティの向上を図ってみたいと思います。

　たとえばすべての項目に入力する必要がない場合、必須項目を目立たせることがユーザーの負担感減少にも繋がます。そこでまず、必須項目フォームの装飾を変更して、他（任意項目）のフォームとの差別化を図ってみましょう。

06　01　その他 >> 登録ページ

　まず「index.html」の必須項目フォームの箇所にclass名を追加しておき、次に「base.css」を開き下記のような装飾を施す記述を書き加えていきます。

入力フォームの装飾例
枠線のスタイルなどを、ボックス同様に設定できます。

index.html

```html
<fieldset>
<label class="label" for="mail1"> メールアドレス </label>
<span class="control"><input class="req1" type="text" id="mail1" /> （半角英数字） <br /></span>
<label class="label" for="mail2"> メールアドレス再入力 </label>
<span class="control"><input class="req2" type="text" id="mail2" /></span>
</fieldset>

〜中略〜
```

必須項目の input に class（ここでは「req1」と「req2」）を追加する

base.css

```css
input.req1, select.req1 {
  border-style: solid;
  border-width: 2px;
  border-color: #9999ff;
  vertical-align: middle;
  color: #696969;
  background: #f6f6f2;
}

input.req2 {
  border-style: dashed;
  border-width: 2px;
  border-color: #9999ff;
  vertical-align: middle;
  color: #696969;
  background: #f6f6f2;
}
```

枠線を「点線」に設定しています。

追加した class に対応する設定を書き加える

06 | 01 その他 >> 登録ページ

　また、必須項目の表示にはフォームの装飾だけでなく、マークや注釈などをつけることでよりわかやすくなるでしょう。CSSが適用されないプレーンな状態でもわかるようにテキストなどで表示することが最適なのですが、ここでは例として項目名の先頭に画像を配置し表示してみます。まず「index.html」を開き必須項目labelのclass名を変更し、「base.css」で背景画像を表示させるよう設定を書き加えます。

mark.gif
追加するマークの画像

index.html

```
<fieldset>
<label class="label-m" for="mail1"> メールアドレス </label>
<span class="control"><input class="req1" type="text" id="mail1" /> （半角英数字） <br /></span>
<label class="label-m" for="mail2"> メールアドレス再入力 </label>
<span class="control"><input class="req2" type="text" id="mail2" /></span>
</fieldset>

〜中略〜
```

必須項目labelのclass名を変更（ここでは「label-m」と）する

base.css

```
.label-m {

〜中略〜

  background: url(../images/mark.gif) no-repeat 0px 1.5em;
}
```

変更した「label-m」に、背景画像を表示させるよう設定する

06 01 その他 >> 登録ページ

項目の差別化を図った登録ページの画面
必須項目を設けることでユーザーが感じる負担を少なくします。

フォーカスされた入力フォームのスタイルを変更

他にもフォームの使いやすさを向上させる機能を追加してみましょう。CSSの疑似クラス「:focus」を使うと、選択している入力フォームのスタイルを変更させることも可能です。

たとえば、マウスやTabキーでフォーカスされた入力フォームの色を変更することで、ユーザー自身が今どこに書き込もうとしているのか把握しやすくなります。

base.css

```css
input:focus, select:focus, textarea:focus {
  background: #ffffff;
}
```

フォーカスされると背景色が変更するよう追加設定する

フォーカスされたフォーム
背景色が変わることで、入力しようとしているフォームがわかりやすくなります。

POINT

Tabキーによる選択順序の指定
Tabキーによる選択は通常、ページの先頭から順番に移動していきますが、この選択順序を任意に指定することもできます。HTMLのInputタグ内にTabindex属性で数字による順番を記入するだけで、Tabキーによる選択順序がその順番通りに移動します。ちなみにこの選択順序の指定には、Inputタグ以外にフォーム関連のタグなどにも指定することができます。

例

```html
<input type="text"
 name="sample"
 tabindex="1" />
<input type="radio"
 name="sample"
 tabindex="2" />
```

06 | 01　その他 >> 登録ページ

IMEの入力モードを指定する

　また、CSSのime-modeプロパティを利用し、フォーカスされた入力フォームによってIME（日本語入力システム）のモードを変更させることも可能です。これはInternet Explorer5以上のみに対応する、Internet Explorer独自の機能です。

　メールアドレスや電話番号などといった英数字のみを入力させたいフォームには、この機能を使いモードの指定をしておくことで利便性がさらによくなるでしょう。

sample

```css
input.sample {
  ime-mode: disabled;
}
```

この値を適用した入力フォームは英数字のみしか入力できません

ime-modeで指定できる値

値	説明
active	IMEオン（日本語入力モード）
inactive	IMEオフ（英数字入力モード）
disbled	IME使用不可（英数字入力モード　ユーザーによるモードの変更ができません）
auto	自動

アレンジしたボタンを使用する

　入力フォーム以外にボタンなども細かくカスタマイズできます。HTMLで<input>タグのtype属性をbuttonとした通常のボタンにもCSSで色や枠線の指定をできますが、<button>タグでテキストや画像などを配置しボタンとして扱ったものを装飾することもできます。

index.html

```html
<div id="submit">
<p class="postext">
上記の内容でよろしければ、送信ボタンをクリックしてください。

<button type="submit">
<p class="posted">送信</p>
<span>データを送信します</span>
</button>

</p>
</div>
```

<button>タグでテキストをマークアップ

06 | 01　その他 >> 登録ページ

```
base.css

#submit button {
  width: 120px;
  height: 40px;
  padding: 0;
  color: #ffffff;
  background: #ff7400;
}

～中略～
```

通常のボックス同様、細かなカスタマイズができる

ボタンのアレンジ例①
テキストなども自由にアレンジすることができます。

　またボタンにも、ボックス同様のbackground指定ができるので背景に画像を適用させることも可能です。「base.css」を開き、下記のように変更してみましょう。

```
base.css

#submit button {
  width: 140px;
  height: 50px;
  padding: 4px 0 0 0;
  color: #ffffff;
  background: url(../images/button.gif) no-repeat;
  border-width: 0px;
}
```

枠線の表示をなくし、背景に画像を指定する

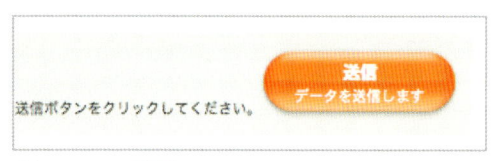

ボタンのアレンジ例②
背景に画像を配置してみた例です。

06 | 01 | その他 >> 登録ページ

#2 利用規約、注意事項などを同ページに表示

長文テキストを小さいスペースに収める

　会員登録のページなどでは、同ページ内に利用規約や会員規約などを表示する場合もあります。ただ膨大な規約文章などを全文そのまま入れてしまうと、とても大きなスペースをとってしまいます。そんな場合にはインラインフレームやフォームのtextareaを利用（または別ウィンドウにリンク）して表示する方法もありますが、そのページを印刷する時などにうまく表示されないといったこともありえます。そこで、CSSの「overflow」プロパティを利用してちょっと違った表示の仕方を試してみましょう。

規約文章をそのまま表示した画面
画面が文字で埋めつくされ、他の要素も見えない状態になります。

　「overflow」とは、指定したサイズのボックス内に要素が収まりきらなかった場合に、どのように処理するか指定するためのプロパティです。初期設定はvisibleとなっており、要素が収まりきらない場合はボックスをはみ出してすべて表示します。ここでは、プロパティの値を変えることで指定したボックスサイズ内にスクロールバーを表示させ、規約文章をスクロールで表示してみましょう。

visible	ボックスをはみ出してすべて表示する
hidden	はみ出る部分を表示しない
scroll	スクロールで表示する（スクロールバーの強制表示）
auto	自動（はみ出てしまう場合のみスクロールバーを表示）

overflowで指定できる値

06 | 01　その他 >> 登録ページ

index.html

```html
<fieldset id="last">
<label class="label-m" for="kiyaku"> ご利用規約 </label>
<div id="kiyakutext">
<h2> 第1条 </h2>
<p> これは利用規約、会員規約、注意事項などのサンプルテキストです。これは利用規約、会員規約、注意事項などのサンプルテキストです。これは利用規約、会員規約、注意事項などのサンプルテキストです。これは利用規約、会員規約、注意事項などのサンプルテキストです。これは利用規約、会員規約、注意事項などのサンプルテキストです。</p>

〜中略〜

</div>
<span class="control">
<label for="agree"> 同意する </label><input class="radio" type="radio" id="agree" name="kiyaku" />
<label for="notagree"> 同意しない </label><input class="radio" type="radio" id="notagree" name="kiyaku" /><br />
</span>
</fieldset>
```

HTMLの規約文章の部分

base.css

```css
#kiyakutext {
  width: 350px;
  height:150px;
  overflow:auto;
  display: block;
  margin: 15px 0 0 0;
  padding: 15px;
  font-size: 10px;
  line-height: 1.5em;
  background: #f6f6fc;
}

h2 {
  margin: 0;
  padding: 0;
  font-size: small;
}
```

膨大な規約文章をスクロールを使い350px × 150px 以内に表示させるよう、「overflow」を auto に設定

| 06 | 01 | その他 >> 登録ページ |

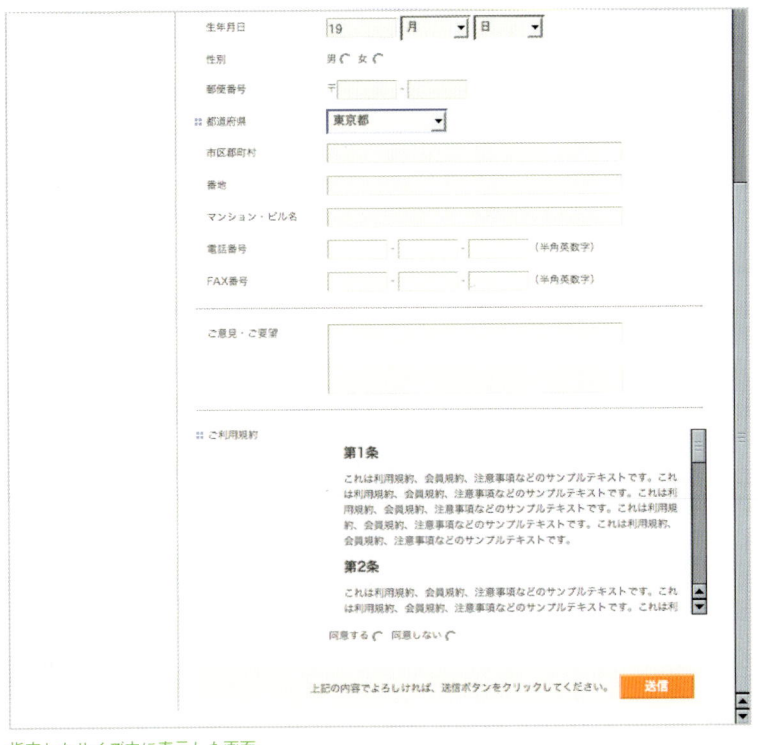

指定したサイズ内に表示した画面
画面が文字で埋まることなく、上下の要素も含め一目で把握できるようになります。

06 | 02 その他
確認ページ

基本編

表組を使用した、ショッピングカートの確認ページ

用途
- ショッピングサイトの商品確認ページ
- サイズ表など

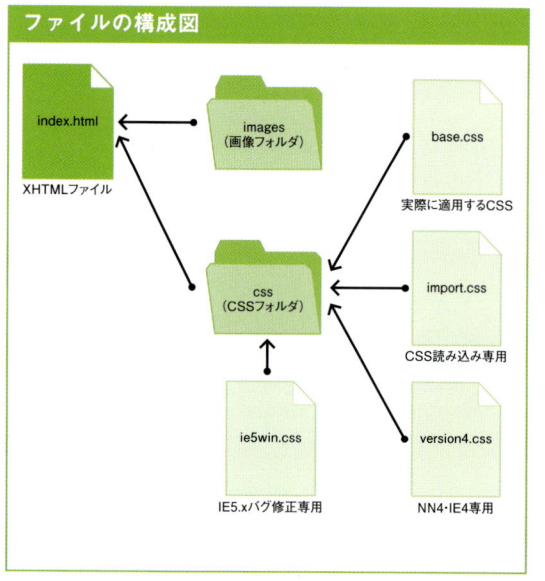

ファイルの構成図

- index.html — XHTMLファイル
- images（画像フォルダ）
- css（CSSフォルダ）
  - base.css — 実際に適用するCSS
  - import.css — CSS読み込み専用
  - ie5win.css — IE5.xバグ修正専用
  - version4.css — NN4・IE4専用

06　02　その他 >> 確認ページ

レイアウトとデザイン

　CSSを使用し表組に装飾を施したショッピングカートのページについて解説します。
　06_01の登録ページ同様、上部にタイトル、左側にフローチャートを配置しています。ショッピングカート内容の表示では、見出し部分の背景を変えることにより項目内容との差別化をはかっています。また、点線に装飾したラインを表示し項目の区切りを明確にしています。
　このサンプルはショッピングカートのページなので画像や入力フォーム、ボタンなども入れ込んでありますが、表組の装飾についてはさまざまな場面で応用が可能です。応用編では表組をさらにアレンジしたバリエーションを作成します。また、確認ページなどはプリントアウトして保存するといったケースが頻繁にあるので、印刷に対応したCSSファイルの作成についても解説していきます。

サンプルCSSの概要

　このサンプルのヘッダやナビゲーションなどのページ全体の基本的な構成は06_01と同じですが、メインコンテンツ部分は上下2つのテーブル(table要素)になっています。テーブルには「border-collapse: collapse;」を指定することによって、セルごとに枠線を表示させるのではなく、セルが一本の線で区切られたように表示させています。テーブルのセルの中には、テキストのほかに画像や入力フィールド、ボタンなどが入っており、それらに対して余白や枠線、幅、行揃え、色、フォントの太さなどを細かく設定しています。
　ボタンの枠線の種類として「outset」を指定すると、左上と右下の色はブラウザ側で自動的に調整されるため、ブラウザごと異なる色になってしまいます。そのため、このサンプルでは枠線を「solid」にして、左と上、右と下の色を直接指定しています。
　仕様上は、同じinput要素でも属性の値が異なる入力フィールドとボタンなどを区別して指定できますが、Internet Explorerは属性セレクタに一切対応していません。そのため、このサンプルではclassやidを比較的多く使用しています。中には、「class="num total"」のように、複数のクラスを半角スペースで区切って指定している箇所もありますが、このような複数のセレクタにはInternet Explorerバージョン5以降のブラウザで対応しています。

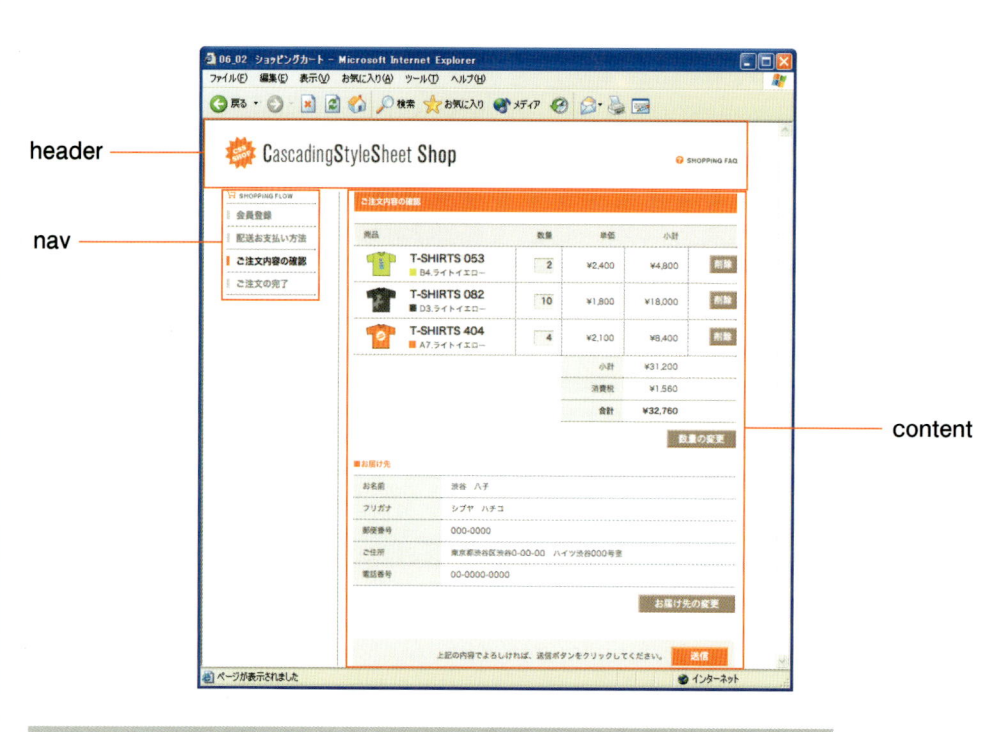

06 | 02　その他 >> 確認ページ

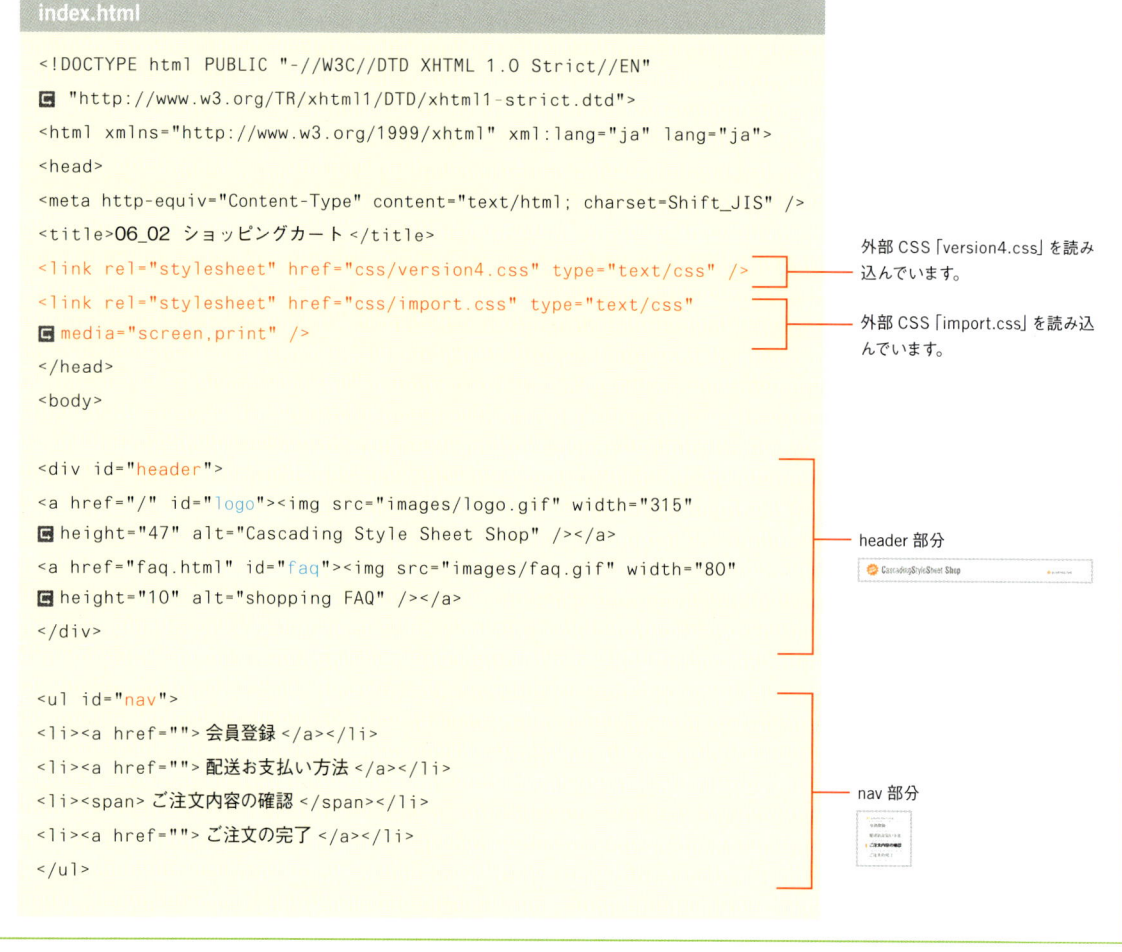

index.html

```
<!DOCTYPE html PUBLIC "-//W3C//DTD XHTML 1.0 Strict//EN"
 "http://www.w3.org/TR/xhtml1/DTD/xhtml1-strict.dtd">
<html xmlns="http://www.w3.org/1999/xhtml" xml:lang="ja" lang="ja">
<head>
<meta http-equiv="Content-Type" content="text/html; charset=Shift_JIS" />
<title>06_02 ショッピングカート </title>
<link rel="stylesheet" href="css/version4.css" type="text/css" />
<link rel="stylesheet" href="css/import.css" type="text/css"
 media="screen,print" />
</head>
<body>

<div id="header">
<a href="/" id="logo"><img src="images/logo.gif" width="315"
 height="47" alt="Cascading Style Sheet Shop" /></a>
<a href="faq.html" id="faq"><img src="images/faq.gif" width="80"
 height="10" alt="shopping FAQ" /></a>
</div>

<ul id="nav">
<li><a href=""> 会員登録 </a></li>
<li><a href=""> 配送お支払い方法 </a></li>
<li><span> ご注文内容の確認 </span></li>
<li><a href=""> ご注文の完了 </a></li>
</ul>
```

外部CSS「version4.css」を読み込んでいます。

外部CSS「import.css」を読み込んでいます。

header 部分

nav 部分

216

06 | 02 | その他 >> 確認ページ

```html
<div id="content">

<h1> ご注文内容の確認 </h1>

<form action="">

<table id="products">
<tr>
<th> 商品 </th><th class="num"> 数量 </th><th class="num"> 単価 </th><th class="num"> 小計 </th><th></th>
</tr>
<tr id="t053">
<td><img src="images/t053.gif" width="47" height="39" alt="" /><em>T-SHIRTS 053 </em><span>■</span> B4. ライトイエロー </td><td class="num"><input class="num" type="text" value="2" size="3" /></td><td class="num">¥2,400</td><td class="num">¥4,800</td><td class="del"><input class="button" type="button" value=" 削除 " /></td>
</tr>
<tr id="t082">
<td><img src="images/t082.gif" width="47" height="39" alt="" /><em>T-SHIRTS 082 </em><span>■</span> D3. ライトイエロー </td><td class="num"><input class="num" type="text" value="10" size="3" /></td><td class="num">¥1,800</td><td class="num">¥18,000</td><td class="del"><input class="button" type="button" value=" 削除 " /></td>
</tr>
<tr id="t404">
<td><img src="images/t404.gif" width="47" height="39" alt="" /><em>T-SHIRTS 404 </em><span>■</span> A7. ライトイエロー </td><td class="num"><input class="num" type="text" value="4" size="3" /></td><td class="num">¥2,100</td><td class="num">¥8,400</td><td class="del"><input class="button" type="button" value=" 削除 " /></td>
</tr>
<tr>
<td class="hidden"></td><td class="hidden"></td><th class="num"> 小計 </th><td class="num">¥31,200</td><td></td>
</tr>
<tr>
<td class="hidden"></td><td class="hidden"></td><th class="num"> 消費税 </th><td class="num">¥1,560</td><td></td>
</tr>
<tr>
<td class="hidden"></td><td class="hidden"></td><th class="num total"> 合計 </th><td class="num total">¥32,760</td><td class="total"></td>
</tr>
</table>

<div class="edit">
```

contact 部分

06 | 02 | その他 >> 確認ページ

```html
<input class="button" type="button" value=" 数量の変更 " />
</div>

<table id="shipto">
<caption>■お届け先</caption>
<tr>
<th> お名前 </th><td> 渋谷 八子 </td>
</tr>
<tr>
<th> フリガナ </th><td> シブヤ ハチコ </td>
</tr>
<tr>
<th> 郵便番号 </th><td>000-0000</td>
</tr>
<tr>
<th> ご住所 </th><td> 東京都渋谷区渋谷 0-00-00 ハイツ渋谷 000 号室 </td>
</tr>
<tr>
<th> 電話番号 </th><td>00-0000-0000</td>
</tr>
</table>

<div class="edit">
<input class="button" type="button" value=" お届け先の変更 " />
</div>

<div id="submit">
<p>
上記の内容でよろしければ、送信ボタンをクリックしてください
<input type="submit" value=" 送信 " />
</p>
</div>

</form>

</div>

</body>
</html>
```

06 | 02 | その他 >> 確認ページ

version4.css

```css
@charset "Shift_JIS";

body {
  color: #000000;
  background: #ffffff;
}
a img {
  border: none;
  color: #ffffff;
  background: transparent;
}
```

Netscape Navigator 4.x と Internet Explorer 4.0 向けの指定です。ページ全体の文字色と背景色を設定し、リンクした画像の周りに表示される枠線を消しています。

import.css

```css
@charset "Shift_JIS";

@import "base.css";

@media tty {
 i{content:"¥";/*" "*/}} @import 'ie5win.css'; /*";}
}/* */
```

通常の方法で「base.css」を読み込んだ後に Internet Explorer 5.0 と 5.5 だけが読み込む裏ワザを使って「ie5win.css」を読み込んでいます。こうしておくことで、Internet Explorer 5.0 と 5.5 で問題が発生した場合には、「ie5win.css」内で必要な値を上書きして修正できます。

base.css

```css
@charset "Shift_JIS";

/* 全体構造
---------------------------------------------- */
body {
  margin: 0 0 3em 0;
  padding: 0;
  font-size: x-small;
  color: #444444;
  background: #ffffff;
}

/* ヘッダ
---------------------------------------------- */
#header {
  width: 700px;
  height: 90px;
}
#logo {
```

ページ全体の余白とフォントサイズ、文字色と背景色を設定します。

ヘッダ部分の幅と高さを設定します。

06　02　その他 >> 確認ページ

```css
    display: block;
    float: left;
    width: 315px;
    padding-top: 18px;
    padding-left: 25px;
}
#faq {
    display: block;
    float: right;
    width: 80px;
    padding-top: 42px;
}

/* ナビゲーション
---------------------------------------------------- */
#nav {
    position: absolute;
    top: 90px;
    left: 30px;
    margin: 0;
    padding: 15px 0 0 0 ;
    list-style: none;
    background: url (../images/flow.gif) no-repeat top left;
    border-bottom: 1px dotted #726d6b;
}
#nav li {
    padding: 8px 0;
    width: 120px;
    border-top: 1px dotted #726d6b;
    font-size: 12px;
    font-weight: bold;
}
#nav span, #nav a {
    display: block;
    line-height: 1.0;
    padding: 0 0 0 8px;
    border-left-width: 4px;
    border-left-style: solid;
}
#nav span {
    border-left-color: #ff7400;
    color: #000000;
}
#nav a {
    border-left-color: #d9d9d9;
    text-decoration: none;
```

左上のロゴ画像を含む a 要素をブロックレベルに変換し、「float: left;」で左側に配置します。このとき、余白をマージンで指定すると Windows 版の Internet Explorer では正しく表示されないため、代わりにパディングを使用しています。

右上の「SHOPPING FAQ」という画像を含む a 要素も同様にブロックレベルに変換し、「float: right;」で右側に配置します。

ナビゲーション (ul 要素) を絶対配置します。リストのマーカーは消し、上のパディング領域に以下の背景画像を表示させます。

各項目の上に点線を表示させます。リストの一番下の点線は、ul 要素で指定しています。

各項目内に含まれる a 要素と span 要素をブロックレベルに変換し、左側に太めのボーダーを表示させます。

06 | 02　その他 >> 確認ページ

```css
    color: #888888;
}
#nav a:hover {
    color: #000000;
    border-left-color: #ff7400;
}

/* コンテンツ
---------------------------------------------------- */
#content {
    margin-left: 180px;
    padding-left: 19px;
    border-left: 1px solid #a8a8a8;
    width: 500px;
}
#content form {
    margin: 0;
}
h1 {
    font-size: x-small;
    margin: 0;
    padding: 0.5em 0.8em;
    color: #ffffff;
    background: #ff7400;
}
.edit {
    text-align: right;
}
input {
    border-style: solid;
    border-width: 2px;
}
input.button {
    border-color: #d3c1b4 #a7876d #a7876d #d3c1b4;
    color: #ffffff;
    background: #ad9885;
}
#submit {
    margin-top: 35px;
    color: #444444;
    background: url(../images/bg-submit1.gif) no-repeat;
}
#submit p {
    margin: 0;
    padding: 10px;
    text-align: right;
```

ホーバーの状態で、文字色と左の太いボーダーの色が変化するように設定しています。

絶対配置しているナビゲーションと重ならないように、左の余白を広くとります。

見出しの余白とフォントサイズ、文字色と背景色を設定します。

削除ボタンと変更ボタンの表示方法を設定しています。枠線の種類として「outset」を指定するのではなく、あえて「solid」にして左上と右下の色を別々に指定しています。

06 | 02　その他 >> 確認ページ

```css
    background: url (../images/bg-submit2.gif) no-repeat left bottom;
}
#submit input {
    margin-left: 0.5em;
    border-color: #ffb87c #d26000 #d26000 #ffb87c;
    width: 6em;
    vertical-align: middle;
    color: #ffffff;
    background: #ff7400;
}
```

> 注文ボタンの入っている div 要素には上の 2 つの角が丸くなっている背景画像を、div 要素内の p 要素には下の 2 つの角が丸くなっている背景画像を指定して、4 つの角を丸くしています。

```css
/* テーブル共通
-------------------------------------------------- */
th {
    text-align: left;
}
.num {
    text-align: right;
}
```

> th 要素内のテキストは左寄せに、数量や単価などの数字が入るセルは右寄せに設定しています。

```css
/* 上のテーブル（ご注文内容）
-------------------------------------------------- */
table#products {
    margin: 15px 0 8px 0;
    width: 500px;
    border-top:1px solid #aaaaaa;
    border-collapse: collapse;
}
```

> テーブル全体の余白と幅、枠線を設定しています。

```css
table#products th {
    font-weight: normal;
    color: #444444;
    background: #f1f1ed;
}
table#products th, table#products td {
    padding: 0.6em 1.2em;
    border-bottom: 1px dotted #726d6b;
}
```

> th 要素と td 要素の基本的な表示方法を設定しています。

```css
table#products th.total, table#products td.total {
    border-top:     1px solid #aaaaaa;
    border-bottom: 1px solid #aaaaaa;
    font-weight: bold;
}
```

> 合計部分の上下のボーダーを実線にし、テキストを太字にしています。

```css
table#products td img {
    float: left;
    margin-right: 15px;
}
```

> td 要素内の画像（T シャツ）は「float: left;」で左に寄せ、その横にテキストを回り込ませます。

06 | 02　その他 >> 確認ページ

```css
table#products tr {
  clear: left;
}
table#products td em {
  display: block;
  margin-top: 0.3em;
  font-size: small;
  font-style: normal;
  font-weight: bold;
}
```
→ Tシャツの画像の横にある商品名の表示方法を設定しています。

```css
table#products input.num {
  border-width: 1px;
  border-color: #aaaa94 #dfdfd6 #dfdfd6 #aaaa94;
  color: #444444;
  background: #f1f1ed;
}
```
→ 数量の入力フィールドのボーダーと文字色・背景色を設定しています。

```css
table#products .hidden {
  border-bottom-style: none;
}
```
→ 小計・消費税・合計の左側の空セルのボーダーを消しています。

```css
#products #t053 td, #products #t082 td, #products #t404 td {
  padding-top: 0;
  padding-bottom: 0;
}
#t053 .num, #t082 .num, #t404 .num {
  border-left:  1px dotted #726d6b;
  border-right: 1px dotted #726d6b;
}
```
→ Tシャツの画像が入っているセルの余白を設定し、その横のセルに縦の点線を表示させています。

```css
table#products td.del {
  padding-right: 0;
  text-align: right;
}
```
→ 削除ボタンが入っているセルの右のパディングを「0」にして、ボタンを右揃えにしています。

```css
td span {
  font-size: larger;
  background: transparent;
}
#t053 span {
  color: #e8ff58;
}
#t082 span {
  color: #5e625e;
}
#t404 span {
  color: #ff8000;
}
```
→ Tシャツの画像の横にある「■」の大きさと色を設定しています。

223

06 | 02 その他 >> 確認ページ

```
/* 下のテーブル（お届け先）
---------------------------------------------- */
table#shipto {
    margin: 18px 0 8px 0;
    width: 500px;
    border-top:    1px solid #aaaaaa;
    border-bottom: 1px solid #aaaaaa;
    border-collapse: collapse;
}
table#shipto th {
    padding: 0.6em 2.5em 0.6em 1.2em;
    width: 8em;
    font-weight: normal;
    color: #444444;
    background: #f1f1ed;
}
table#shipto td {
    padding: 0.6em 0 0.6em 1.2em;
}
table#shipto th, table#shipto td {
    border-bottom: 1px dotted #726d6b;
}
table#shipto caption {
    padding-bottom: 0.6em;
    text-align: left;
    font-weight: bold;
    color: #ff7400;
    background: transparent;
}
```

― テーブル全体の余白と幅、枠線を設定しています。

― th 要素と td 要素の表示方法をそれぞれ設定しています。

― セルの下のボーダーを 1px の点線に設定しています。

― 「■お届け先」というキャプションの表示方法を設定しています。

06 | 02 | その他 >> 確認ページ

ie5win.css

```css
@charset "Shift_JIS";

/* 全体構造
-------------------------------------------------- */
body, th, td {
    font-size: xx-small;
}

/* ヘッダ
-------------------------------------------------- */
#logo {
    width: 340px;
}

/* コンテンツ
-------------------------------------------------- */
#content {
    width: 520px;
}
h1 {
    font-size: xx-small;
}

/* 上のテーブル（ご注文内容）
-------------------------------------------------- */
table#products td em {
    font-size: x-small;
}

/* 下のテーブル（お届け先）
-------------------------------------------------- */
table#shipto caption {
    font-size: xx-small;
}
```

Internet Explorer 5.x でフォントサイズを「small」や「x-small」などのキーワードで指定すると、指定した値よりも一段階大きく表示されます。そのため、ここで一段階小さいサイズを上書き指定して調整しています。また、Internet Explorer 5.x では、width プロパティにはパディングとボーダーも含めた値を指定する必要があるため、必要な値をここで上書き指定しています。

| 06 | 02 | その他 >> 確認ページ |

応用編

テーブルのカスタマイズと、プリントアウトへの対応

カスタマイズのポイント

・テーブルを装飾してみる
・印刷時の見やすさを配慮する

#1 テーブルの装飾を変更し、アレンジを加える

テーブルのスタイル変更でバリエーションを増やす

　テーブルを使った表組に装飾を施す場合、これまではHTMLのテーブルタグに直接属性を指定したり、装飾用の空セルを追加したりして対応してきました。しかし、CSSを使うことで、そのままでは単調になりがちなテーブルにもさまざまな装飾を指定することができ、変更が容易に行え、柔軟な表現が可能となります。たとえば、ボックス同様に枠線に個別のスタイルを指定したり、枠線の間隔を調整するなどのアレンジができます。

06 | 02　その他 >> 確認ページ

ここでは例として、画像を使用せずに立体的な雰囲気のある表組を作成してみます。「base.css」をDreamweaverで開き、以下のように書き換えます。

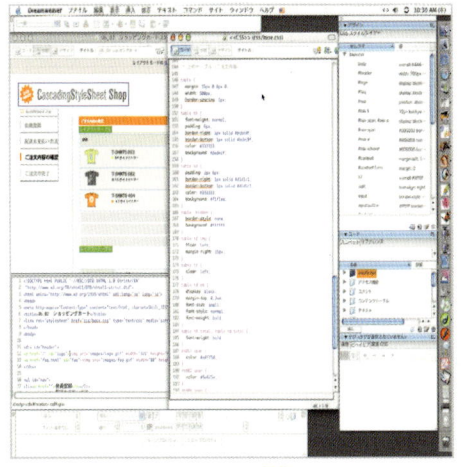

Dreamweaverでスタイルシートを編集

base.css

```css
/* 上のテーブル（ご注文内容）
-------------------------------------------------- */
table {
  margin: 15px 0 8px 0;
  width: 500px;
  border-spacing: 1px;
}
table th {
  font-weight: normal;
  padding: 6px;
  border-right: 1px solid #bcbc9f;
  border-bottom: 1px solid #bcbc9f;
  color: #333333;
  background: #dedecf;
}
table td {
  padding: 2px 6px;
  border-right: 1px solid #d1d1c1;
  border-bottom: 1px solid #d1d1c1;
  color: #333333;
  background: #f1f1ed;
}
table .hidden {
  border-style: none;
  background: #ffffff;
}

～中略～
```

不必要なセルの枠線などを非表示に設定することもできます。

06 | 02 その他 >> 確認ページ

```
/*  下のテーブル（お届け先）
-------------------------------------------------- */
table#shipto {
    margin: 0 0 8px 0;
}
table#shipto caption {
    margin: 16px 0 0 0;
    padding-bottom: 0.6em;
    text-align: left;
    font-weight: bold;
    color: #ff7400;
    background: transparent;
}
```

各セルの枠線の間隔を指定し、枠線の下と右にのみ濃い色をつける
また、枠線を表示したくないセルには「border-style: none;」を設定します。

立体感のある表組
サンプルの表組からはいくつかの要素を抜き、わかりやすく簡略化しています。

背景画像を配置する

　また、各セルの背景に画像を適用することももちろん可能です。実際に「base.css」を開き、背景に画像を配置してみましょう。

背景画像「thbg.gif」
横方向にタイリング表示される小さめの画像を用意します。

06 | 02 | その他 >> 確認ページ

```
base.css

table th {
  font-weight: normal;
  padding: 6px;
  border-right: 1px solid #bcbc9f;
  border-bottom: 1px solid #bcbc9f;
  color: #333333;
  background: url(../images/thbg.gif) repeat-x bottom #dedecf;
}
```

セルの背景に画像を指定

背景に画像を適用した例
背景の画像は、ボックス同様に位置調整などが可能です。

#2 | 印刷しても見やすいページに

印刷用に別のCSSを用意しておく

　確認画面などは保存用としてページの印刷をすすめることも少なくありません。しかし、ブラウザで表示しているレイアウトや色のままでは、プリントアウトした場合に横幅が切れてしまったり、淡い色などを表現できなかったりなど、不具合も考えられます。そこで、ブラウザ画面に表示するためのCSSファイルとは別に、印刷のためのCSSファイルを用意します。linkタグのmedia属性では、用途に応じて個別のスタイルシートを使い分けることができます。「base.css」を開き<head>内に次ページの記述を書き足しておきましょう。

06 | 02　その他 >> 確認ページ

index.html

```html
<link rel="stylesheet" href="css/import.css" type="text/css" media="screen" />
<link rel="stylesheet" href="css/print.css" type="text/css" media="print" />
```

<head> 内に画面表示用と印刷用の CSS ファイルを個別に指定しておく

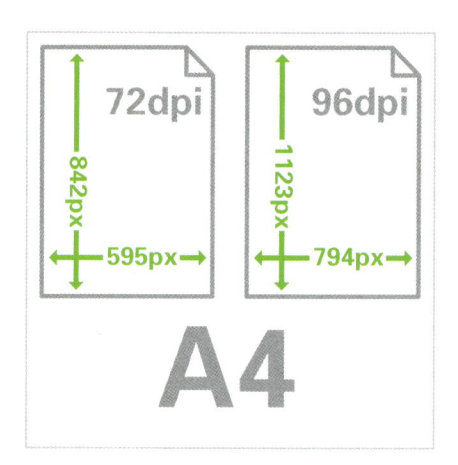

POINT

画面のプリントアウト
実際に画面の印刷を考えたとき、サイズはどの程度に収めればよいのでしょうか。
たとえば、72dpi で A4 サイズの横幅は 595px（ちなみに 96dpi では横幅 794px）ですので、プリンターの印刷可能領域を考慮し 550px 前後で収まるようレイアウトしておくとよいでしょう。

見やすさを考慮した印刷用 CSS ファイルを作成

　画面表示用とは別に指定した印刷用の CSS ファイルでは、不要なもの、例えばナビゲーションなどの要素は非表示の設定をし、印刷した時に見やすいレイアウトになるよう配慮します。横幅は A4 サイズに収まるようにしておくとよいでしょう。また、ユーザーによってモノクロでプリントアウトする場合も考えられるので、特に重要なテキストなどは淡い色をさけ、コントラストの強い色にしておくとよいでしょう。例として下記のような設定で「print.css」を新規に作成します。

POINT

メディアタイプの指定
link タグの media 属性での指定以外に、ひとつの CSS ファイル内で個別のスタイルを用意しておくこともできます。それぞれ適応させたいスタイルを @media で括ることで出力メディアを指定します。

例

```css
@media screen {
  body { margin: 40px;}
}

@media print {
  body { margin: 10px;}
}
```

print.css

```css
@charset "Shift_JIS";

/* 全体構造
-------------------------------------------------- */
body {
  margin: 20px;
  padding: 0;
  font-size: small;
  color: #000000;
  background: #ffffff;
}

/* ヘッダ
-------------------------------------------------- */
#faq {
  display:none;
```

印刷時に不要な要素には非表示の設定をしておきます。

06 | 02　その他 >> 確認ページ

```
}

/* ナビゲーション
-------------------------------------------------- */
#nav {
  display:none;
}

/* コンテンツ
-------------------------------------------------- */
#content {
  width: 500px;
}
h1 {
  font-size: small;
  margin: 10px 0 20px 0;
  padding: 0.4em 0.8em;
  color: #ffffff;
  background: #ff7400;
}
input.button {
  display:none;
}
#submit {
  display:none;
}

/* テーブル
-------------------------------------------------- */
table {
  margin: 0;
  width: 500px;
  border-spacing: 0px;
  border-collapse: collapse;
}
table th {
  text-align: left;
  font-weight: normal;
  padding: 6px;
  border: 1px solid #666666;
  background: #f1f1ed;
}
table td {
  padding: 2px 6px;
  border: 1px solid #cccccc;
}
```

― 印刷時に不要な要素には非表示の設定をしておきます。

― 印刷時に不要な要素には非表示の設定をしておきます。

06 | 02 その他 >> 確認ページ

```
table .hidden {
  border-style: none;
}
table .num {
  text-align: right;
}
table caption {
  margin: 20px 0 10px 0;
  text-align: left;
  font-weight: bold;
}
```

～中略～

印刷用の CSS は、色のコントラストを強くしておく

印刷プレビューの画面
印刷用のスタイルは実際にプリントアウトしなくても［印刷プレビュー］で確認できます。

APPENDIX
CSS リファレンス

CONTENTS
セレクタ
テキスト
文字色と背景
ボックス
配置と表示方法
その他

AP

APPENDIX
CSS リファレンス

セレクタ

基本的なセレクタ

要素名	指定した要素名の要素に適用
*	すべての要素に適用
. クラス	「クラス」部分で指定した class 属性の値を持つ要素に適用
#ID	「ID」部分で指定した id 属性の値を持つ要素に適用

疑似要素

:first-line	ブロックレベル要素の 1 行目に適用
:first-letter	ブロックレベル要素の 1 文字目に適用
:before	content プロパティを使用して直前に追加する内容に適用
:after	content プロパティを使用して直後に追加する内容に適用

疑似クラス

:link	まだ見ていないリンク部分に適用
:visited	すでに見たリンク部分に適用
:hover	カーソルが上にある時に適用
:active	アクティブな状態の時に適用
:focus	フォーカスされた状態の時に適用
:lang（言語コード）	「言語コード」で指定した言語に設定されている要素に適用

属性セレクタ

[属性名]	「属性名」で指定した属性が指定されている要素に適用
[属性名 =" 属性値 "]	「属性名」で指定した属性が指定されている要素のうち、その値が「属性値」と一致する要素に適用
[属性名 ~=" 属性値 "]	「属性名」で指定した属性が指定されている要素のうち、スペースで区切られた複数の値の 1 つが「属性値」と一致する要素に適用
[属性名 |=" 属性値 "]	「属性名」で指定した属性が指定されている要素のうち、ハイフン (-) で区切られた値の中の先頭が「属性値」と一致する要素に適用

セレクタの組み合わせ

セレクタ A　セレクタ B	セレクタ A に含まれるセレクタ B に適用
セレクタ A　＞セレクタ B	セレクタ A の直接の子要素であるセレクタ B に適用
セレクタ A　＋セレクタ B	A の直後にあるセレクタ B に適用

AP | APPENDIX >> CSS リファレンス

テキスト

フォント

プロパティ	値	初期値	適用対象
フォントサイズ font-size	［数値］単位つきの実数, % ［キーワード］xx-small, x-small, small, medium, large, x-large, xx-large, smaller, larger	medium	すべての要素
フォントの種類 font-family	フォントファミリー名 ［キーワード］serif, sans-serif, cursive, fantasy, monospace	ブラウザに依存	すべての要素
フォントの太さ font-weight	［数値］100, 200, 300, 400, 500, 600, 700, 800, 900 ［キーワード］lighter, bolder, bold, normal	normal	すべての要素
斜体 font-style	［キーワード］italic, oblique, normal	normal	すべての要素
スモール・キャピタル font-variant	［キーワード］small-caps, normal	normal	すべての要素
フォント関連の一括指定 font	font-weight プロパティで指定できる値 font-style プロパティで指定できる値 font-variant プロパティで指定できる値 font-size プロパティで指定できる値 line-height プロパティで指定できる値（値の前に「/」が必要） font-family プロパティで指定できる値 ［キーワード］caption, icon, menu, message-box, small-caption, status-bar	各プロパティの初期値	すべての要素
下線・上線・取消線 text-decoration	［キーワード］underline, overline, line-through, blink, none	none	すべての要素

行間と行揃え

プロパティ	値	初期値	適用対象
行揃え text-align	［キーワード］left, center, right, justify	ブラウザと文字表記の方向に依存	ブロックレベル要素
行間 line-height	［数値］実数のみ, 単位つきの実数, % ［キーワード］normal	normal	すべての要素

表示位置の調整

	要素	値	初期値	適用対象
縦位置の調整	vertical-align	［数値］単位つきの実数, % ［キーワード］top, middle, bottom, baseline, text-top, text-bottom, super, sub	baseline	インライン要素・th 要素・td 要素
文字間隔	letter-spacing	［数値］単位つきの実数 ［キーワード］normal	normal	すべての要素
単語間隔	word-spacing	［数値］単位つきの実数 ［キーワード］normal	normal	すべての要素
大文字・小文字	text-transform	［キーワード］capitalize, lowercase, uppercase, none	none	すべての要素
1行目のインデント	text-indent	［数値］単位つきの実数, %	0	ブロックレベル要素
空白や改行の表示方法	white-space	［キーワード］pre, nowrap, normal	normal	すべての要素

APPENDIX >> CSS リファレンス

リスト

	要素	値	初期値	適用対象
リストの記号	list-style-type	[キーワード] disc, circle, square, decimal, decimal-leading-zero, lower-alpha, upper-alpha, lower-latin, upper-latin, lower-roman, upper-roman, lower-greek, cjk-ideographic, hiragana, katakana, hiragana-iroha, katakana-iroha, hebrew, armenian, georgian, none	disc	li 要素 (*1)
リストの画像	list-style-image	URL [キーワード] none	none	li 要素 (*1)
リストの記号の表示位置	list-style-position	[キーワード] inside, outside	outside	li 要素 (*1)
画像と記号の一括指定	list-style	list-style-type プロパティで指定できる値 list-style-image プロパティで指定できる値 list-style-position プロパティで指定できる値	未定義	li 要素 (*1)

*1）ただし、ul 要素や ol 要素に指定すると、その子要素である li 要素に継承される

文字色と背景

文字色

	要素	値	初期値	適用対象
文字色	color	[RGB 値] #ff6600, #f60, rgb(255,102,0), rgb(100%,40%,0%) [キーワード] aqua, black, blue, fuchsia, gray, green, lime, maroon, navy, olive, purple, red, silver, teal, white, yellow	ブラウザに依存	すべての要素

背景色

	要素	値	初期値	適用対象
背景色	background-color	[RGB 値] #ff6600, #f60, rgb(255,102,0), rgb(100%,40%,0%) [キーワード] aqua, black, blue, fuchsia, gray, green, lime, maroon, navy, olive, purple, red, silver, teal, white, yellow, transparent	transparent	すべての要素

背景画像

	要素	値	初期値	適用対象
背景画像	background-image	URL [キーワード] none	none	すべての要素
背景画像の並び方	background-repeat	[キーワード] repeat, repeat-x, repeat-y, no-repeat	repeat	すべての要素

背景のバリエーション

	要素	値	初期値	適用対象
背景画像の表示位置	background-position	[数値] 単位つきの実数 , % [キーワード] top, center, bottom, left, center, right	0% 0%	ブロックレベル要素・置換要素
背景画像の固定配置	background-attachment	[キーワード] fixed, scroll	scroll	すべての要素
背景関連の一括指定	background	background-color プロパティで指定できる値 background-image プロパティで指定できる値 background-repeat プロパティで指定できる値 background-position プロパティで指定できる値 background-attachment プロパティで指定できる値	各プロパティの初期値	すべての要素

APPENDIX >> CSS リファレンス

ボックス

マージン

要素		値	初期値	適用対象
上下左右の各マージン	margin-top, margin-bottom, margin-left, margin-right	［数値］単位つきの実数 , ％　［キーワード］auto	0	すべての要素
上下左右のマージンの一括指定	margin	［数値］単位つきの実数 , ％　［キーワード］auto	未定義	すべての要素

パディング

要素		値	初期値	適用対象
上下左右の各パディング	padding-top, padding-bottom, padding-left, padding-right	［数値］単位つきの実数 , ％	0	テーブル関連の一部の要素（tr, thead, tbody, tfoot, col, colgroup）を除く、すべての要素
上下左右のパディングの一括指定	padding	［数値］単位つきの実数 , ％	未定義	テーブル関連の一部の要素（tr, thead, tbody, tfoot, col, colgroup）を除く、すべての要素

ボーダー

要素		値	初期値	適用対象
上下左右の各ボーダーの太さ	border-top-width, border-bottom-width, border-left-width, border-right-width	［数値］単位つきの実数　［キーワード］thin, medium, thick	medium	すべての要素
上下左右のボーダーの太さの一括指定	border-width	［数値］単位つきの実数　［キーワード］thin, medium, thick	個別のプロパティの初期値	すべての要素
上下左右の各ボーダー色	border-top-color, border-bottom-color, border-left-color, border-right-color	［RGB値］#ff6600, #f60, rgb(255,102, 0), rgb(100%,40%,0%)　［キーワード］aqua, black, blue, fuchsia, gray, green, lime, maroon, navy, olive, purple, red, silver, teal, white, yellow, transparent	color プロパティの値	すべての要素
上下左右のボーダー色の一括指定	border-color	［RGB値］#ff6600, #f60, rgb(255,102,0), rgb(100%,40%,0%)　［キーワード］aqua, black, blue, fuchsia, gray, green, lime, maroon, navy, olive, purple, red, silver, teal, white, yellow, transparent	個別のプロパティの初期値	すべての要素
上下左右の各ボーダーの種類	border-top-style, border-bottom-style, border-left-style, border-right-style	［キーワード］none, solid, double, dashed, dotted, groove, ridge, inset, outset, hidden	none	すべての要素
上下左右のボーダーの種類の一括指定	border-style：	［キーワード］none, solid, double, dashed, dotted, groove, ridge, inset, outset, hidden	個別のプロパティの初期値	すべての要素
上下左右の各ボーダーの太さ・色・種類	border-top, border-bottom, border-left, border-right	border-width プロパティで指定できる値 border-color プロパティで指定できる値 border-style プロパティで指定できる値	個別のプロパティの初期値	すべての要素
上下左右のボーダーの一括指定	border	border-width プロパティで指定できる値 border-color プロパティで指定できる値 border-style プロパティで指定できる値	個別のプロパティの初期値	すべての要素

APPENDIX >> CSS リファレンス

幅と高さ

	要素	値	初期値	適用対象
幅	width	［数値］単位つきの実数 , % ［キーワード］auto	auto	一部の要素（置換要素以外のインライン要素 , tr, thead, tbody, tfoot）を除く、すべての要素
最小の幅	min-width	［数値］単位つきの実数 , %	ブラウザに依存	一部の要素（置換要素以外のインライン要素 , table）を除く、すべての要素
最大の幅	max-width	［数値］単位つきの実数 , % ［キーワード］none	none	一部の要素（置換要素以外のインライン要素 , table）を除く、すべての要素
高さ	height	［数値］単位つきの実数 , % ［キーワード］auto	auto	一部の要素（置換要素以外のインライン要素 , col, colgroup）を除く、すべての要素
最小の高さ	min-height	［数値］単位つきの実数 , %	0	一部の要素（置換要素以外のインライン要素 , table）を除く、すべての要素
最大の高さ	max-height	［数値］単位つきの実数 , % ［キーワード］none	none	一部の要素（置換要素以外のインライン要素 , table）を除く、すべての要素

配置と表示方法

回り込み

	要素	値	初期値	適用対象
回り込み	float	［キーワード］left, right, none	none	一部の要素（絶対配置された要素とCSSで追加された内容）を除く、すべての要素
回り込みの解除	clear	［キーワード］left, right, both, none	none	ブロックレベル要素

相対配置／絶対配置

	要素	値	初期値	適用対象
相対配置・絶対配置	position	［キーワード］relative, absolute, fixed, static	static	すべての要素（CSSで追加された内容は除く）
上下左右からの位置	top, bottom, left, right	［数値］単位つきの実数 , % ［キーワード］auto	auto	positionプロパティで、static以外の値が指定されている要素

表示形式

	要素	値	初期値	適用対象
表示形式	display	［キーワード］none, block, inline, run-in, compact, list-item, marker, table, inline-table, table-row-group, table-header-group, table-footer-group, table-row, table-column-group, table-column, table-cell, table-caption	inline	すべての要素
透明	visibility	［キーワード］hidden, visible, collapse	visible	すべての要素
内容が入りきらない場合の表示方法	overflow	［キーワード］visible, hidden, scroll, auto	visible	ブロックレベル要素・置換要素
重なる順序	z-index	［数値］整数のみ ［キーワード］auto	auto	positionプロパティで、static以外の値が指定されている要素

APPENDIX >> CSS リファレンス

その他

テーブル

	要素	値	初期値	適用対象
テーブル・セルのボーダーの表示形式	border-collapse	［キーワード］ collapse, separate	collapse	table 要素
テーブルの表示方法	border-layout	［キーワード］ fixed, auto	auto	table 要素

印刷

	要素	値	初期値	適用対象
改ページ	page-break-before, page-break-after	［キーワード］ always, avoid, left, right, auto	auto	ブロックレベル要素
改ページの禁止	page-break-inside	［キーワード］ avoid, auto	auto	ブロックレベル要素

その他

	要素	値	初期値	適用対象
内容の追加	content	［文字列］ URL attr(属性名) カウンタ	空文字	:before 擬似要素・:after 擬似要素・display プロパティの値が「marker」の要素
カーソルの形状	cursor	［キーワード］ default, pointer, wait, text, help, crosshair, move, n-resize, s-resize, w-resize, e-resize, nw-resize, ne-resize, sw-resize, se-resize, auto URL	auto	すべての要素

スタイルシートによる
レイアウトデザイン見本帖
CSS LAYOUT DESIGN SAMPLES

装丁・本文デザイン　宮嶋 章文
DTP　株式会社 ムックハウス Jr
編集　関根 康浩

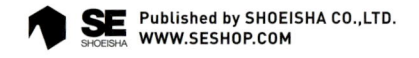

2005年 5月 9日 初版第1刷発行
2005年12月 1日 初版第5刷発行

著　者　大藤 幹／松原 慶太／押本 祐二
発行人　速水 浩二
発行所　株式会社 翔泳社
　　　　（http://www.seshop.com）
印刷・製本　株式会社 廣済堂
©2005 MIKI OFUJI, KEITA MATSUBARA,
　　　YUJI OSHIMOTO

＊本書は著作権法上の保護を受けています。本書
　の一部または全部について（ソフトウェアおよび
　プログラムを含む）、株式会社 翔泳社から文書に
　よる許諾を得ずに、いかなる方法においても無断
　で複写、複製することは禁じられています。

＊本書へのお問い合わせについては、2ページに
　記載の内容をお読みください。

＊落丁・乱丁はお取り替えいたします。03-5362-
　3705 までご連絡ください。

ISBN4-7981-0716-6 Printed in Japan

SE SHOEISHA
Published by SHOEISHA CO.,LTD.
WWW.SESHOP.COM